HANGKONG
FADONGJI
WOLUN YEPIAN
YITIHUA JICHENG BOMO
YINGBIANJI YANJIU

航空发动机
涡轮叶片一体化集成薄膜应变计研究

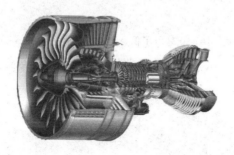

刘　豪◎著

电子科技大学出版社
University of Electronic Science and Technology of China Press

·成都·

图书在版编目(CIP)数据

航空发动机涡轮叶片一体化集成薄膜应变计研究／

刘豪著. —— 成都：成都电子科大出版社，2024.12.

ISBN 978 - 7 - 5770 - 1365 - 7

Ⅰ. V232.4

中国国家版本馆 CIP 数据核字第 20250QK240 号

航空发动机涡轮叶片一体化集成薄膜应变计研究

HANGKONG FADONGJI WOLUN YEPIAN YITIHUA JICHENG BOMO YINGBIANJI YANJIU

刘　豪　著

策划编辑　谢忠明

责任编辑　谢忠明

责任校对　苏博麟

责任印制　梁　硕

出版发行　电子科技大学出版社

　　　　　成都市一环路东一段 159 号电子信息产业大厦九楼　邮编　610051

主　　页　www. uestcp. com. cn

服务电话　028 - 83203399

邮购电话　028 - 83201495

印　　刷　北京亚吉飞数码科技有限公司

成品尺寸　170mm × 240mm

印　　张　10

字　　数　180 千字

版　　次　2024 年 12 月第 1 版

印　　次　2024 年 12 月第 1 次印刷

书　　号　ISBN 978 - 7 - 5770 - 1365 - 7

定　　价　68.00 元

前　言

新一代航空发动机不断向大推重比、长寿命、低油耗方向发展，航空发动机内部工作温度越来越高，也越来越接近涡轮叶片、转轴等高温部件材料的临界工作温度。随着工作时间的增加，叶片等高温部件可能会出现疲劳裂纹甚至断裂等现象，导致发动机发生故障。监测叶片等高温部件应力/应变大小可以有效检测它们的疲劳受损情况，进而及时有效预警发动机的故障。因此，研制稳定、可靠且适用于航空发动机高温、高压、强振动等恶劣工作环境的应变测量传感器具有重要意义。

薄膜应变计因具有厚度薄、质量轻、准确、响应快，而且不影响被测部件表面气流场，不破坏其表面结构等优点，易于实现与航空发动机涡轮叶片等高温部件一体化集成。为了满足航空发动机高温、高压、强振动等恶劣工作环境下原位应变测试的需求，本书采用物理气相沉积方法制备由过渡层、绝缘层、敏感层和防护层等构成的多层多元结构薄膜应变计，通过多层多元薄膜结构设计和制备工艺优化，突破了多层多元薄膜结构匹配和热匹配技术、复杂表面薄膜图形化制备技术、薄膜应变计高温绝缘技术和高温防护技术等难点。采用标定技术研究了薄膜应变计高温性能，并成功应用在某型号发动机涡轮叶片上，研究了涡轮叶片的高温高周动应变特性。本研究为航空发动机涡轮叶片试验测试、故障诊断提供了一种先进的应变测试技术，对提升我国高性能航空发动机研制水平具有推动作用。主要研究内容如下。

1. 为了解决镍基高温合金基底与薄膜应变计之间的结构匹配和热匹配问题，研究了 NiCrAlY 薄膜析铝、热氧化过程，制备了金属 – 氧化物渐变过渡层。研究表明，金属 – 氧化物渐变过渡层能够有效增强基底与薄膜应变计之间的结合强度，同时热氧化生成的致密热氧化层（TGO）有利于提高薄膜应变计与基底之间的电绝缘性能。

2. 利用多层多元氧化物薄膜构成复合绝缘层，突破高温绝缘技术。首先，研究了 YSZ、Al_2O_3 薄膜构成的复合绝缘层，对比了单层 Al_2O_3、双层 YSZ/Al_2O_3 和四层 YSZ/Al_2O_3/YSZ/Al_2O_3 复合绝缘层的绝缘性能。结果表明，四层结构

YSZ/Al$_2$O$_3$/YSZ/Al$_2$O$_3$复合绝缘层具有最优的绝缘性，在800 ℃时绝缘电阻达到200 kΩ。主要是单层氧化物绝缘层薄膜内部存在贯穿薄膜的晶界等缺陷，高温下容易形成离子导电通道，导致绝缘电阻减小。而多层复合结构绝缘层中，因为引入绝缘层界面，不同绝缘层薄膜界面之间存在的界面势垒能够有效阻断离子导电通道，提高高温绝缘性能，并且随着绝缘层界面的增加，其绝缘电阻也进一步增加。

其次，本书还研究了MgO与热氧化层（TGO）构成的TGO/MgO双层绝缘层。结果表明，TGO/MgO双层结构绝缘层在25～1 000 ℃温度范围内都具有优异的绝缘性能，在1 000 ℃时，其绝缘电阻达到1.5 MΩ，主要归因于结构致密的TGO/MgO薄膜在室温时电导率低，并且电导激活能小，即电导率随温度变化小，使得TGO/MgO双层结构复合绝缘层在高温环境下仍具有优良的绝缘性能。经过四次循环（单次循环时，在1 000 ℃保温2 h）后，在1 000 ℃的绝缘电阻仍保持0.55 MΩ，显示了良好的高温稳定性，能够满足薄膜应变计在更高温度下的电绝缘性能要求。

3. 采用PdCr薄膜作为应变敏感层，研究了PdCr薄膜的厚度对其方阻、电导率、电阻温度系数等电学性能及高温稳定性的影响。研究表明，随着PdCr薄膜厚度的增加，其电学性能逐渐趋于稳定。其主要原因是较厚的薄膜具有相对较少的位错等缺陷，其缺陷是高温性能不稳定的主要原因。为了进一步提高PdCr薄膜的高温稳定性，对其进行了真空退火研究，表明退火处理可以有效改善PdCr薄膜的晶体结构，进而减小高温电阻漂移，提高高温稳定。退火后，PdCr薄膜在800 ℃的平均电阻漂移率由 −0.126 %/h 降低为 −0.065 %/h，约为未退火的一半。

4. 为了提高薄膜应变计的高温抗氧化性，研究了ZrO$_2$ – Al$_2$O$_3$/Al$_2$O$_3$异质多层防护层，并与单层Al$_2$O$_3$和复合ZrO$_2$ – Al$_2$O$_3$防护层进行了对比。研究表明，异质多层结构防护层的防护效果优于单层和复合防护层。其原因是Al$_2$O$_3$薄膜和ZrO$_2$ – Al$_2$O$_3$不仅具有均匀致密、无缺陷的结构，而且在界面处的界面势垒能有效阻断氧离子渗透通道，进一步提高ZrO$_2$ – Al$_2$O$_3$/Al$_2$O$_3$异质防护层的高温防护特性。

5. 采用静态标定法对PdCr薄膜应变计进行了应变敏感性能的标定研究。结果表明，PdCr薄膜应变计的电阻随应变呈良好的线性关系，其应变灵敏系数具有较好的重复性。PdCr薄膜应变计的应变灵敏系数随着温度升高而增大。

在室温时，PdCr 薄膜应变计应变灵敏系数为 1. 78，在 800 ℃时升高为 2. 13。

6. 在某型号涡轮叶片上制备 PdCr 薄膜应变计，率先研究了涡轮叶片的高温高周动应变，并建立了基于频域处理的动应变分析方法。研究表明，PdCr 薄膜应变计响应速度快、工作温度高、可靠性好，能够满足室温至 800 ℃、加速度载荷 0 ~ 10 g、振动频率 0 ~ 1 700 Hz 的工作要求。

7. 采用冷热冲击试验和高空台模拟试验对 PdCr 薄膜应变计进行了可靠性评估。PdCr 薄膜应变计能够耐受多循环、高强度热冲击，在高温高压高速燃气环境下结构完整，无开裂、脱落、起皮等失效现象。测试结果表明，PdCr 薄膜应变计与涡轮叶片结合强度高，在航空发动机高温、高压、强振动环境下具有较好的可靠性。

8. 初步研究了 PdCr 薄膜应变花的应变敏感性能，制备的 90°应变花不仅能够测量高温下试件应变的大小，也能够测量应变的方向。此外，还制备了具有更高应变灵敏系数的铟锡氧化物（indium tin oxide，ITO）薄膜应变计，并研究了 ITO 敏感薄膜的制备工艺，但其在高温下的稳定性有待进一步提高。

本书选题新颖独到、结构科学合理、内容丰富翔实，可作为相关专业科研学者和工作人员的参考用书。

作者在本书的写作过程中，参考引用了许多国内外学者的相关研究成果，也得到了许多专家和同行的帮助和支持，在此表示诚挚的感谢。由于作者的专业领域和实验环境所限，加之作者研究水平有限，本书难以做到全面系统，疏漏和错误实所难免，敬请读者批评赐教。

目　录

第一章 绪 论

1.1 研究工作的背景及意义

发动机是所有航空飞行器的核心动力部件，且不断向大推重比、长寿命、低油耗方向发展。然而，航空发动机的发动机结构材料以及其健康监测（engine health management，EHM），诸如监测、分析和诊断方法却远远落后于航空发动机的发展速度[1]。而发动机在工作时，发动机内剧烈的燃烧会产生一个高温、高压、强振动的恶劣工作环境。且随着航空发动机的发展，高温环境也越来越接近航空发动机涡轮叶片、转轴等高温部件材料的临界工作温度。随着使用时间的增长，直接工作在这样恶劣环境中的叶片等高温部件可能会出现疲劳裂纹和掉块等现象，进而引起发动机故障。据不完全统计，航空发动机转动部件的断裂失效率高达80%，其中最主要的失效形式是疲劳断裂，且表现出两个突出特点：一是出现的重复性，二是后果的严重性[2]。监测叶片等高温部件应力/应变大小就可以有效检测它们的疲劳受损情况，进而有效预警发动机故障。因此，对高温、高压、强冲刷、强振动等恶劣环境下运行的叶片等高温部件的受力/应变进行监测，根据叶片受力/应变发生后变形产生的反馈信息，可以达到监测涡轮发动机运行状态、预测叶片的疲劳寿命、及时预警故障，进而保障发动机的可靠性。

目前，针对航空发动机涡轮叶片等部件应变/应力监测主要采用贴片式应变片，即箔式应变片，进行测量。贴片式应变片是采用半导体工艺，通过光刻、镀膜等工艺将应变敏感材料制备在聚酰亚胺（PI）等有机柔性基底上[3-5]，可以实现精细图形化。使用时将应变片粘贴在被测部件表面，当被测部件在振动等受力发生形变后，贴在表面应变片也随之发生相应的形变，进而引起其电阻的变化，然后根据电阻的变化量来衡量应变大小。但是，贴片式应变片，一方面由于基底为有机基底，适用温度一般低于250 ℃；另一方面，黏接剂在高温环境中逐渐软化，导致应变片测量存在较大的滞后和蠕变误差，影响应变片的测量准确度。因此，贴片式应变片可以满足在室温及低温条件的应变测试需求，但是不适用于航空发动机的涡轮叶片等热端部件的高温应变测量要求。

随着制备技术的日益发展、耐高温和耐腐蚀材料的进步以及对高温环境的测试需求，逐渐促进了新型且与航空发动机涡轮叶片等高温部件一体化集成的薄膜应变计(薄膜应变传感器)的出现。相对于贴片式应变片，薄膜应变计是采用磁控溅射或者电子束蒸发等真空镀膜技术，将构成薄膜应变计的各个部分直接沉积在叶片表面，既不会破坏叶片本身的力学结构，又不需要使用黏接剂粘贴，避免了高温测试因黏接剂所带来的误差及限制；而且薄膜应变计厚度只有微米级别，对航空发动机涡轮叶片表面的气流场扰动较小，增加的质量也微乎其微[6,7]。这些特点不仅使得薄膜应变计具有较快的响应速度、更高的准确度和可靠性，而且适用于高温等恶劣环境，为航空发动机涡轮叶片等工作在恶劣环境中部件的原位应力/应变测量提供了可能。此外，一体化的薄膜传感器与微系统储能单元相结合，为微型一体化低功耗智能测试装备提供了一种可行的技术方案[8-10]。

虽然薄膜应变计具有以上诸多优点，但是，在航空发动机的涡轮叶片等高温部件制备出满足其工作环境的薄膜应变计并非易事。航空发动机涡轮叶片等高温部件一般采用金属制备，如钛基合金、镍基高温合金。而薄膜应变计是电阻式应变计的一种，其采集信号为应变敏感材料的电阻信号。为了确保薄膜应变计电阻信号与金属基底之间的电学隔离，就必须要在金属基底与应变敏感材料之间先制备绝缘层，如氧化铝。一般绝缘材料的绝缘电阻随温度呈现指数减小趋势，因此满足几百甚至上千摄氏度的电学绝缘是制约薄膜应变计高温使用的主要难题。同样，在高温环境中，提高应变计敏感材料的抗氧化性、确保应变计电阻信号的稳定性和重复性是促进薄膜应变计高温使用的科学关键。而在实际应用过程中，对应变信号高温互联的焊接结点具有耐高温、强气流冲刷的要求，也是有待解决的关键技术。所以，在航空发动机涡轮叶片等高温部件表面制备出满足高温、高压、强振动、强气流冲刷等恶劣环境要求的薄膜应变计仍存在大量亟待解决的关键科学和技术难题。

1.2　常用应变测量的国内外研究历史及现状

不仅航空发动机的发展对应变测量提出需求，应变对土木工程、水利水电等材料与工程结构的健康检测也是非常重要的物理参数。因此，国际上早已开始对如何精确测量被测物体表面变形进行了大量的研究，并研发出多种可用于高温应变测量的方法。

1.2.1　数字图形相关法

数字图像相关法（digital image correlation，DIC）是一种通过追踪并比对物体（P 点为中心的子区）形变前后的散斑图像，然后进行相关计算来求得被测物体应变的方法，其实质是对变形前后被测物体表面的光强分布图采用相关运算，原理图如图 1 - 1 所示[11]。这种方法最早是由美国的 Peters 和 Ranson 等人于 1982 年提出的[12]，具有非接触、全场测量、测量精度高等优点，被广泛应用于土木工程领域。

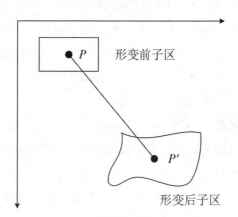

形变前子区

P'

形变后子区

图 1 - 1　数字图像相关法的原理图[11]

数字图像相关法的主要问题就是找到物体形变前后散斑图像上对应点（P 点），进而计算分析散斑灰度信息并通过求取相关系数，然后根据形变前特征点和形变后该点的匹配点的位移差获得形变量，其测试系统如图 1 - 2 所示[13]。为了促进数字图像相关理论和应用的不断发展和完善，一方面是在硬件方面增加数字采集设备的分辨率，另一方面就是优化相关系数的计算方法以提高测试精度。

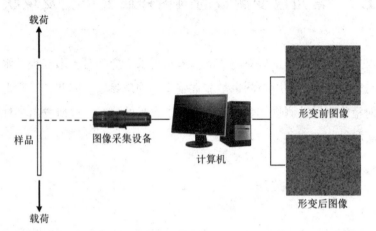

图 1−2　数字图像相关法测试系统[13]

图像采集设备是采集被测样品表面的图像，并经过数字转化为离散的像素，即图像的分辨率。图像采集设备采集图像的分辨率越大，则包含的灰度信息就越丰富。而相关系数是对比形变前后子区的灰度信息，并对灰度信息相关程度进行评估的一种函数[13]：

$$C_{f,g}(\bar{p}) = \mathrm{Corr}\{f(x,y), g(x',y')\} \qquad (1-1)$$

式中：$f(x,y)$ 为形变前子区点 (x,y) 的灰度值；$g(x',y')$ 为形变后子区 (x',y') 的灰度值；Corr 为对 $f(x,y)$ 和 $g(x',y')$ 相关程度进行评估的一种函数。

因此，数字图形相关测量应变需要以下几点要求[13]：

1. 被测样品表面为平面；
2. 具有稳定的光源；
3. 数字采集设备的光轴要垂直于被测样品表面，防止测量误差；
4. 被测样品表面具有明显的灰度散斑，便于识别。

所以，数字图形相关法难以应用于高速旋转的航空发动机涡轮叶片的振动应变测量。

1.2.2　光纤布拉格光栅传感器

光纤传感器的研究开始于 20 世纪 70 年代，光纤通信技术为光纤传感器技术的发展提供了良好的技术支持。光纤传感器是将光波作为载波射入光纤，通过改变应变、温度等物理参量使光波的特征参量发生变化，然后调解、分析光波的特征参量与外界物理量的变化关系，建立变换特性进行某种物理参量的感知，是一种接触型传感器，也是一种波长调制型传感器。

其中，光纤布拉格光栅(fiber bragg grating,FBG)所组成的 FBG 传感器是近几年迅速发展起来的光纤器件之一，随应变及温度变化都具有良好的线性关系，主要由宽带光源、耦合器、FBG 传感器、光纤光栅调节器等组成，因其周期 < 1 μm，又被称为短周期光纤光栅。FBG 传感器的工作原理是基于光纤布拉格波长漂移理论。当可调光源发出的入射到含有光栅的光纤中时，波长与光栅周期一致的光将被反射，其他波长的光将不受影响地通过光栅，如图 1 - 3 所示[14]。而由于光栅的周期与应变和温度有关，因此可以通过反射光的波长的变化达到测量应变和温度的目的[15]。

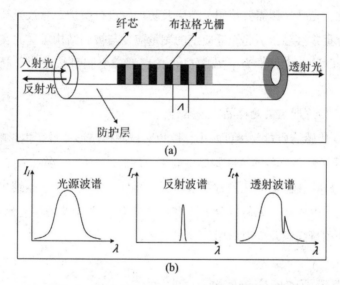

图 1 - 3　FBG 结构及其反射、透射特性示意图[14]

（a）光纤布拉格光栅结构　（b）光纤布拉格光栅反射、透射特性

目前，FBG 传感器的原理一般都是基于对布拉格光栅中心波长的测量[16]，即为

$$\lambda_B = 2n_{\text{eff}}\Lambda \qquad\qquad (1-2)$$

式中：λ_B 为布拉格波长；n_{eff} 为纤芯的有效折射率；Λ 为光栅的周期。当光栅周围的应变或者温度等发生变化时，将引起纤芯的有效折射率 n_{eff} 和光栅周期 Λ 发生变化，进而导致反射光中心波长值发生漂移。对式(1 - 2)两边取微分，同时考虑到光纤光栅折射率受光纤材料弹光效应的影响以及光纤材料的热光效

应的影响，根据光学知识可知，得其波长变化随应变及温度关系可以近似表示为

$$\Delta \lambda_B / \lambda_B = (1 - P_\varepsilon)\Delta\varepsilon + (\alpha + \zeta)\Delta T \qquad (1-3)$$

式中：P_ε 为光纤有效弹光系数；$\Delta\varepsilon$ 为轴向应变变化量；α 为光纤热膨胀系数（$\alpha \geqslant 1$）；ζ 为光纤热光系数；ΔT 为温度变化量；$(1 - P_\varepsilon)$ 项为光纤光栅的应变灵敏系数；$(\alpha + \zeta)$ 项为温度灵敏系数。在温度保持不变的情况下，有

$$\Delta \lambda_B / \lambda_B = (1 - P_\varepsilon)\Delta\varepsilon \qquad (1-4)$$

以熔融的石英为参量，则光纤光栅的应变灵敏系数约为 0.78。若取波长为 1550 nm，则 $\Delta\lambda_B / \Delta\varepsilon = 1.21 \times 10^3$ nm/με 即单位微应变变化将引起的波长变化为 1.21×10^3 nm。

但是在实际应用过程中，被加工成光栅的光纤直径一般为 15～50 μm，易断裂。因此，光纤光栅需要使用黏结层及防护层进行防护，导致光纤与被测结构件并没有直接接触，引起光纤应变的测量应变与被测结构所受的实际应变之间存在差异。除此之外，为了提高 FBG 传感器应变测量精度和准确度，还有以下几点要求：

1. FBG 传感器与被测样品紧密贴合；

2. FBG 传感器质量要尽可能小，以免对被测样品形变量产生影响；

3. 光纤光栅调节器的精度要尽可能高、调制波长尽可能宽。

因此，FBG 传感器应变测试要求较高。而且，一般只用于点结构的应变测量，且易受温度影响。如何区分温度和应变等参量之间的关系是制约 FBG 传感器在应变测量高温及变温应用的重要因素。

1.2.3　声表面波应变传感器

声表面波(surface acoustic wave, SAW)传感器是一种新型的无线无源传感器，具有体积小、功耗低、测量范围广等优点，其传感核心是声表面波器件。声表面波最早由英国物理学家 Rayleigh[17] 在 19 世纪对地震波的研究中发现并展开研究，且泛指产生于弹性自由体表面并沿其表面或界面传播的各种模式的波，随后被应用于地震领域。SAW 器件的快速发展得益于 White 和 Voltmer[18] 在 1965 年研发的一种能够高效激励和监测声表面波的结构：叉指换能器 (interdigital transducer, IDT)，使得 SAW 技术取得关键性突破，IDT 结构示意

图如图 1-4 所示[18]。自 20 世纪 90 年代，SAW 传感器被各国广泛研究，并应用于航空航天、电力、铁路、石油石化等领域，其中 IDT 已经成为了声表面波器件的核心结构。而且，SAW 器件可以基于电－磁转换，电－机械能转换效应实现无线无源传感。

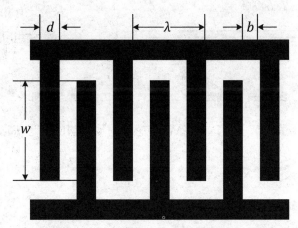

图 1-4　叉指换能器结构示意图[18]

SAW 传感器无线无源声的工作原理是由射频收发模块（雷达）发射与声表面波传感器件同频的电磁波信号，通过天线并由 SAW 传感器件的叉指换能器（IDT）接收、转换成沿压电晶体表面传播的声表面波，声表面波在传播过程中被反射器反射并被 IDT 重新转换成电磁波信号，再经由天线收发模块接收。当声表面波器件受到如温度、应变、压力等环境变化的干扰，会直接影响声传播速度及幅值，通过解调接收信号就可以获得相应的传感信息[19,20]。SAW 器件根据叉指换能器在器件的作用可以分为：延迟型 SAW 传感器和谐振型 SAW 传感器。谐振型声表面波传感器具有高 Q 值、高灵敏度、损耗小的特点，更适合较长距离的无线传感应用，典型的谐振型无源无线声表面波传感器的结构示意图如图 1-5 所示[20]，主要由声表面波谐振器、匹配网络以及天线组成[20]。一般情况下，谐振型 SAW 传感器是通过检测其谐振频率 f_r 的变化来进行感知的。谐振频率 f_r 是由 SAW 器件结构中 IDT 和衬底材料中的 SAW 的传播速度共同决定的，可以表示为[21]

$$f_r = \vartheta / \lambda \tag{1-5}$$

式中：ϑ 为衬底中 SAW 的传播速度；λ 为 IDT 的周期长度。

因此，SAW 传感器的衬底材料也决定着 SAW 传感器的性能。常见的材料有石英、铌酸锂（$LiNbO_3$）、钽酸锂（$LiTaO_3$）、锆钛酸铅、氮化铝（AlN）薄膜、

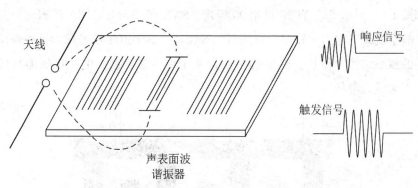

图 1-5　无线无源声表面波传感器工作原理示意图[20]

氧化锌(ZnO)薄膜等。一般选择 SAW 传感器衬底材料的参考依据有[22]：

1. 声波的传播速度；

2. 机电耦合系数

3. 温度稳定性；

4. 传播损耗；

5. 介电常数等。

然而，无线无源声表面波需要在被测试样表面安放天线，不仅对结构复杂且空间狭小的航空发动机结构来讲不太适用，而且会破坏叶片表面结构，影响叶片的力学性能。

1.2.4　激光引伸计

引伸计是通过轴向标距及其变化量来测量轴向应变的设备，是现在工程材料等领域常用来测量材料应力、应变的仪器。根据原理的不同，引伸计大致可以分为机械式引伸计、电子引伸计、激光引伸计、视频引伸计等。其中，激光引伸计(laser extensometer)是一种非接触光学测量应变方法，由激光光源和视频处理器两部分构成，常被用于高温环境材料应变的测量。

近年来，随着激光技术和图像处理方法的成熟，以及高温测试需求的迅速增加，激光引伸计得到了测试人员的青睐。德国 Zwick 公司将激光引伸计、高温炉以及材料试验机集成在一起，并通过计算机软件控制，实现了应变、载荷、位移量等条件的自动化测试，以满足高温应变测试需求。激光引伸计测量原理是：通过激光照射方法，当一束激光照射到被测样品表面，样品表面所形成的散斑图会被视频处理器接收并处理，在物体发生形变后，视频处理器会根据形变前所定位存储的散斑图像计算出形变后散斑图像移动的位移，进而计算出物体所受到的应变(如图1-6所示[23])。因此，激光引伸计的测量头由数字影像器和激光光源组成，激光光束照射在被测样品表面并产生散斑图像，数字影像器则自动跟踪和对比散斑图像得到被测试样的长度变化信号，具有高精度、高分辨率、测量范围大、无须做标记等优点[23]。在实际应用过程中，图像之间实时迭代式(1-6)，可以测量两个分离激光图像之间的距离，从而实时应变测试需求。而为了避免高温环境中，加热炉丝以及样品等受热产生的红光及红外热辐射的影响，一般采用发非红光的激光作为光源。

应变计算公式[23]：

$$\varepsilon = (\sum d_1 - \sum d_2) / l_0 \qquad (1-6)$$

式中：$\sum d_1$ 为次激光摄像头移动的位移之和；$\sum d_2$ 为主激光摄像头移动的位移之和；l_0 为两个散斑图案之间的初始距离，即标距。

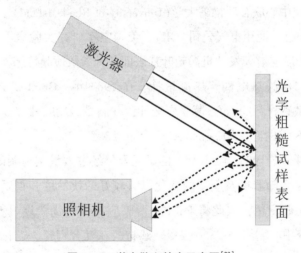

图1-6 激光散斑效应示意图[23]

激光引伸计测量被测样品表面应变要求：

1. 被测样品表面为平面，且具有一定的粗糙度；

2. 有稳定的光源；

3. 数字影像器垂直于被测样品。

然而，数字影像器对采用激光在被测试样表面散斑的识别和跟踪效果将直接影响着激光引伸计对应变测量的准确性。而且，激光引伸计也仅能满足轴向的静态应变测试需求，无法满足动态应变测试要求。

1.2.5 薄膜应变计

薄膜传感器是采用真空镀膜技术将传感器直接制备在被测试样表面，不仅具有厚度薄、质量轻、响应快、集成度高、不破坏被测样品表面等优点。而且可以实现高温环境中，被测样品表面应力/应变、温度、热流等信号的原位测量。其中，感知应力/应变变化的薄膜传感器称为薄膜应变计或者薄膜应变传感器。因此，薄膜应变计可以适用于航空发动机涡轮叶片应变测试需求。根据传感原理的不同，薄膜应变计可以分为电容式、电感式、电阻式等等。其中，电阻式薄膜应变计具有信号易于提取等优点而被广泛应用，其原理是基于材料的电阻－应变响应，下文中无特殊说明，薄膜应变计均指电阻式薄膜应变计。

早在 20 世纪 60 年代，美国的航空航天局(national aeronautics and space administration, NASA)的格伦(Glenn)研究中心、刘易斯(Lewis)研究中心、兰利(Langley)研究中心联合罗德岛大学(University of Rhode Island)、罗尔斯－罗伊斯(Rolls-Royce)、通用电气公司(GE)、美国空军研究实验室等多家机构一起开展了致力于航空航天发动机涡轮叶片表面各种参数薄膜传感器的研究，例如薄膜应变计、薄膜热电偶、热流量计。在 1983 年，Grant 等人[24]研制了以 NiCr 为应变敏感材料的 NiCr 薄膜应变计，并满足涡轮叶片上 600 ℃的测试需求。随后 NASA 还探究了 Kanthal A1[25]、BCL3[26]、PdCr[27]、FeCrAl[28]等多种应变敏感材料。在 1985 年，NASA 的研究人员经过大量文献调研对比后发现，PdCr 合金的电阻随温度及应变的变化具有较好的线性度和重复性，且不随升降温速率变化而变化，因此将 PdCr 为薄膜应变计最优候选材料[29]。在 1997 年，格伦研究中心利用 PdCr 为应变敏感材料在复合陶瓷、氮化硅、超合金等基底材料表面制备 PdCr 薄膜应变计，其实物图如图 1－7 所示[30]。制备在 SiC 基底上的 PdCr 薄膜应变计最高工作温度可以到 1 100 ℃，其电阻温度系数约为 135 ppm/℃，应变敏感系数(GF)约为 1.4。而将 PdCr 薄膜应变计接入惠斯通桥式电路(Wheatstone bridge circuit)后，其视应变敏感系数约为 85 με/℃，在 1 100 ℃时的漂移应变速率约为 500 με/h。

进入 21 世纪，美国罗德岛大学的 Gregory 团队[31-34]在 NASA 协助下，在陶瓷基底上制备 ITO 薄膜应变计并研究其高温敏感特性，如图 1－8 所示[32]，证明了 ITO 薄膜应变计的适用温度可以高达 1 500 ℃。但 ITO 薄膜应变计的

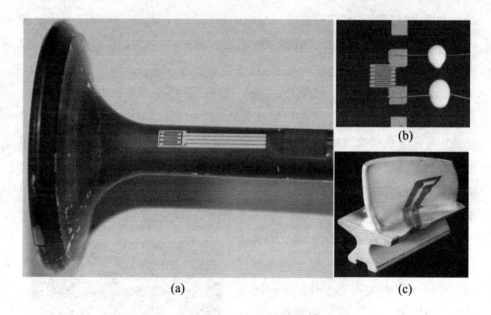

图 1 – 7　NASA 制备的 PdCr 薄膜应变计[30]

（a）超合金基底　（b）TiAl 合金基底　（c）氮化硅基底

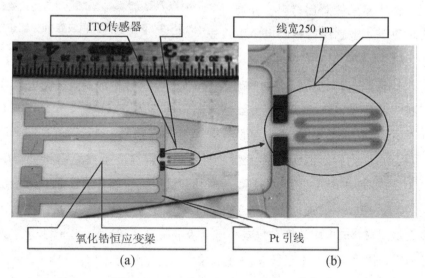

图 1 – 8　ITO 薄膜应变计的光学照片[32]

（a）制备在氧化锆基底上 ITO 薄膜应变计的整体图　（b）ITO 应变敏感元的放大图

GF 随温度变化较大，且在温度低于 900 ℃，GF 负值；在高于 900 ℃，GF 又变为正值，GF 最大值为在 1 200 ℃的 +47.45[35]。韩国 Chung 等人[6]在热氧化的硅基底上采用直流反应溅射方法制备了 TaN 薄膜应变计，并探究了不同氮分压和退火温度对 TaN 薄膜应变计性能的影响，研究表明 TaN 薄膜最优制备条件为：在氮气流量为 8%，且在 900 ℃ 真空退火 1 h。测试得到 TaN 薄膜应变计的电阻率为 768.93 μΩ·cm、电阻温度系数为 –84 ppm/℃、GF 为 4.12。

此外，欧洲宇航防务集团(European Aeronautic Defence and Space Company，EADS)的 Soeren 等人[36]，首先采用有限元分析(finite element analysis，FEA)方法找出特定形状结构的 96% Al₂O₃ 基底的恒定应变区域，随后在该区域内采用磁控溅射方法制备厚度约为 1 μm 的 Pt 薄膜应变计，其实物图如图 1-9 所示。测试室温时的应变敏感系数约为 3.85。但是，Pt 薄膜应变计具有较大的电阻温度系数，约为 2 400 ppm/℃，使其具有较大的视应变误差。

薄膜应变计在高温环境中，因为敏感材料的电阻温度系数已经电阻漂移以引入非应变引起的电阻变化，进而导致应变测试存在视应变误差和漂移应变误差。一般采用一种具有负电阻温度系数和另一种具有正电阻温度系数的材料进行组合构成多元敏感层材料，并通过工艺优化使多元敏感层材料的电阻温度系数减小至 0。如 NASA[37] 报道采用 TaN 与

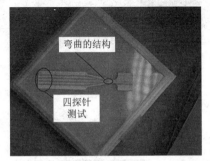

图 1-9　制备在具有恒应变 96% 氧化铝陶瓷基板的 Pt 薄膜应变计[36]

PdCr 薄膜构成上下多层膜(并联)结构，如图 1-10(a)所示，通过优化不同敏感材料的厚度使 TaN/PdCr 多元敏感材料的电阻温度系数减小到了 0.835 ppm/℃；罗德岛大学的 Gregory 团队[38] 则采用 ITO 与 Pt 串联结构(见图 1-10 (b))，通过优化后使 ITO/Pt 多元敏感材料的电阻温度系数减小到了 –10.8 ppm/℃。同时，Gregory 团队[39] 还尝试采用共溅射方法制备 ITO-Pt 复合敏感层[见图 1-10(c)]，通过优化复合敏感材料中 ITO 与 Pt 相对含量，将 ITO-Pt 复合敏感材料的电阻温度系数减小至 –79 ppm/℃。但是，多元材料需要各部分之间的优化调整，工艺复杂。

此外，德国布伦什维克理工大学的 Petersen 等人[40] 提出采用磁控溅射方法，以 Ag、Ti、W 和 Ni 等金属为靶材、乙炔为介质气体，在陶瓷基底上金属掺杂的类金刚石复合材料(metal doped diamond-like carbon，Me-DLC)，实物图如图 1-11(a)所示。Me-DLC 中的金属颗粒具有正温度系数，而类金刚石则具有负温度系数，通过调节工艺参数控制 Me-DLC 中金属和类金刚石的比例

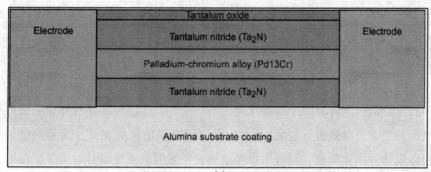

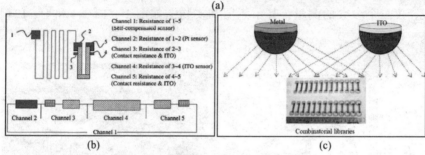

图 1 – 10 薄膜应变计温度补偿方法

（a）TaN/PdCr 并联结构[37] （b）ITO/Pt 串联结构[38] （c）ITO – Pt 复合结构[39]

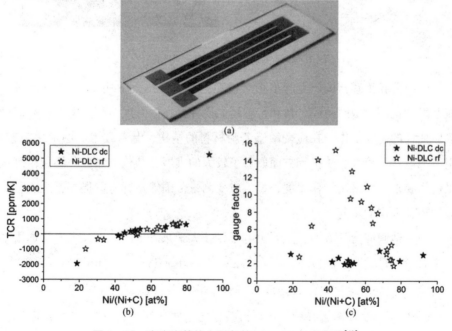

图 1 – 11 在陶瓷基片上制备的 Me – DLC 应变计[40]

（a）实物图 （b）TCR （c）应变敏感系数

控制 Me – DLC 的电阻温度系数。Ni – DLC 测试结果如图 1 – 11(b)和 1 – 11(c)所示，在金属 Ni 含量在 45 ~ 55 at% 时，采用直流和射频方法制备的 Ni – DLC 均具有约为 0 的电阻温度系数，但是不同方法制备的应变敏感系数(GF)差异较大，直流和射频方法制备得到的 Ni – DLC 的 GF 分别约为 4 和 15.5。

涡轮发动机运转时除了对叶片应变的测量外，还同时需要对叶片周围环境的温度、气流等参数进行监测。NASA[30,41]将高温薄膜应变计、薄膜热电偶和薄膜热流计一体化集成，制备出多功能薄膜传感器，实现同时对应变、温度及热流密度三个参数的测量，其示意图和实物图如图 1 – 12(a)和 1 – 12(b)所示。

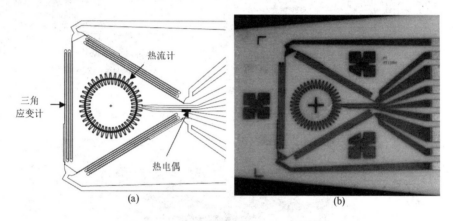

图 1 – 12　多功能薄膜传感器实物图[41]

国内薄膜传感器的研究起步相对较晚，电子科技大学从 2006 年开始进行航空发动机高温敏感薄膜材料和传感器的研究，先后开展薄膜热电偶、高温薄膜应变计的研究工作。在应变敏感薄膜材料的结构、制备技术、图形化工艺、引出线连接及校准、防护等方面取得了较大的进展，结构可靠性、测量精度满足使用要求，但最高工作温度、最大应变测量范围等指标有待提高，距工程化应用还有一定的距离。

而在薄膜应变计方面，主要由电子科技大学张万里团队以及上海交通大学的丁桂甫团队也分别以 NiCr[42]、TaN[43]、NiCrAlY[44]、PdCr[7,45]、BST[46]、Ni[47]等为应变敏感材料制备薄膜应变计，并对其性能进行了研究。刘斐然等人[48]采用中频反应溅射在镀有多层过渡层的金属基片上制备 TaN 薄膜应变计，并研究了氮分压、基底温度等生长参数对 TaN 微观结构及 GF 的影响。结果表明，随着氮分压从 5% 增加到 60%，所制备的 TaN 薄膜结构由面心立方晶体的

TaN 逐渐转变为六角 Ta_5N_6，而随着基底温度的增加，电阻温度系数的绝对值逐渐减小。

而针对薄膜应变计温度自补偿结构，上海交通大学的丁桂甫团队[7]采用光刻方法制备出具单臂悬空结构的 PdCr 薄膜与未悬空 PdCr 薄膜相结合。在相同的温度环境中，薄膜应变计结构中悬空和未悬空结构的 PdCr 薄膜应变计均有相同的电阻变化；而当被测物体受到应变时，未悬空结构的 PdCr 薄膜应变计的电阻将随应变变化而变化，悬空结构的 PdCr 薄膜应变计将不会感知到应变而保持电阻不变，两者相减即可补偿因温度变化而引起的误差，进而达到补偿温度的目的(见图 1 – 13)。

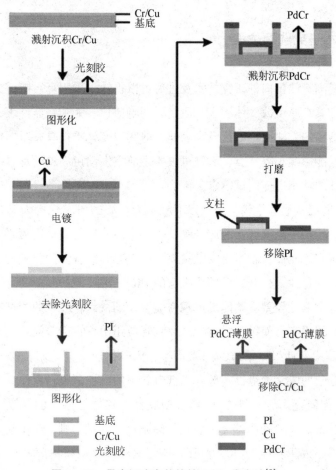

图 1 – 13 具有温度自补偿的 PdCr 应变计[7]

然而对于金属基底来说，高温环境下薄膜应变计与金属之间绝缘层的电绝缘性能随温度升高而急剧下降，最终将导致薄膜应变计与基底导通而引起薄膜应变计电阻信号无法读取，而且敏感材料在高温环境中的氧化，导致薄膜应变计随测试时间的增加而存在电阻漂移误差。因此，具有可靠绝缘效果和防护效果的绝缘层和防护层是制约薄膜应变计在高温环境使用的重要因素。此外，在实际使用过程中，薄膜应变计应变信号的高温互联可靠性是阻碍薄膜应变计实际应用的技术难点。而且，在国内外研究中，未见到有关薄膜应变计的动态应变表征及其应用。

1.3　本研究选题依据与研究内容

1.3.1　本研究选题依据

由应变测量的国内外研究技术及进展可以得知，采用真空镀膜方法制备的薄膜应变计具有厚度薄、体积小、质量轻、响应快、无须在器件表面进行粘贴或者破坏结构的方法固定等优点。因此，薄膜应变计不仅具有对器件表面结构及其力学性能影响小等特点，而且可以实现航空发动机涡轮叶片等高温部件及其旋转部件的动态应变测试需求。

自 20 世纪六七十年代，国外以 NASA 为核心的研究机构为满足航空发动机的叶片、转轴等高温部件的应变测试需求，对航空发动机用薄膜应变计进行了系统的研究。然而，就可见文献报道而言，对其制备方法、结构设计、材料组分等重要信息并未公开。而国内报道的 NiCr、TaN 等薄膜应变计不仅适用温度低，而且重复性较差，不能满足现有航空发动机涡轮叶片的测试需求，并且缺乏系统性的研究，使得薄膜应变计在实际应用中存在诸多问题。

1. 薄膜应变计采集信号为电阻信号，为确保应变计电阻信号与镍基高温合金基底之间的电学绝缘，一般采用低电导率的陶瓷薄膜材料作为绝缘层，例如 Al_2O_3，但研究人员采用 Al_2O_3 陶瓷薄膜作为绝缘层制备的薄膜应变计一般只能满足低于 600 ℃ 的测试需求。在更高温度的测试，则可能由于绝缘层性能的急剧下降导致薄膜应变计的电阻信号无法读取，使得薄膜应变计失效。因此，对薄膜应变计的高温绝缘材料及其绝缘机理需要进行深入探究。

2. 薄膜应变计采用电导率较低的导电材料作为应变敏感材料，例如 PdCr、NiCr 等。由于应变敏感材料本身的电阻温度系数等物理特性以及在高温环境中逐渐被空气中的氧原子氧化，引起薄膜应变计电阻导致薄膜应变计存在因电阻温度系数引起视应变误差和因电阻漂移引起的漂移应变误差。因此，需要优化应变敏感材料的制备工艺，降低应变敏感材料的电阻温度系数，提高其重复性和高温稳定性。所以，优化薄膜应变计的制备工艺、探究其防护层的高温防护特性具有必要性。

3. 已报道文献中的薄膜应变计只有静态测试结果，并无动态应变特性表征。因此，研制出满足航空发动机涡轮叶片的动态测试，尤其是高温高周动应变测试的薄膜应变计对实现叶片振动工作环境的应变监测至关重要。此外，采用传统焊锡焊接或者低温银浆连接等信号引出方法不能满足航空发动机高温、强振动、强气流冲刷等恶劣工作环境的测试需求。因此，针对航空发动机用薄膜应变计的信号引出方法也需要开展研究，以满足航空发动机涡轮叶片的高温、强振动等恶劣环境的测试需求。

1.3.2　研究内容

本研究以航空发动机涡轮叶片表面原位应变的测量为主要研究背景，研究在镍基高温合金上制备薄膜应变计的方法。首先，对制备在镍基高温合金的薄膜应变计的绝缘层、敏感层、防护层等结构层的工艺及各结构层的性能进行研究，以提高薄膜应变计的重复性和稳定性。然后，对薄膜应变计的静态电阻应变响应、电阻温度特性及其高温稳定性进行表征。最后，利用薄膜应变计研究了某型号发动机涡轮叶片的高温高周动应变特性。具体研究内容如下。

1. 首先，采用"析铝氧化"工艺优化过渡层 NiCrAlY 薄膜的过渡效果，以实现金属到氧化物渐变过渡，减缓结构失配和热失配。同时，热氧化生成的致密热氧化层(TGO)将有利于提高薄膜应变计与基底之间的电绝缘性能。其次，采用 YSZ 和 Al_2O_3 氧化物薄膜设计 $YSZ/Al_2O_3/YSZ/Al_2O_3$ 多层绝缘层结构，利用界面势垒阻断单层绝缘层结构中因晶格失配等缺陷所形成的贯穿绝缘层的离子通道，以提高绝缘层的高温绝缘效果。最后，探究 MgO 陶瓷薄膜与TGO 层构成 TGO/MgO 双层绝缘层的绝缘效果，通过热力学分析对 TGO/MgO的绝缘机理进行讨论。(见第三章)

2. 采用直流磁控溅射制备 PdCr 敏感薄膜，以溅射气压、功率以及基底温度为变量对 PdCr 薄膜的制备参数进行优化。再以厚度为变量系统探究 PdCr 薄膜的电阻率、电阻温度系数、电阻的重复性和稳定性与厚度的依赖关系；此外，探究退火工艺对 PdCr 薄膜应变计稳定性的影响。（见第四章）

3. 采用电子束蒸发方法制备异质结构 $Al_2O_3 - ZrO_2/Al_2O_3$ 薄膜防护层，利用不同陶瓷层之间的界面势垒，阻断单层绝缘层中因结构缺陷所形成的贯穿绝缘层的氧原子通道，以提高薄膜应变计防护层的高温防护特性。（见第五章）

4. 采用静态标定系统对制备在镍基高温合金基底上的薄膜应变计的应变灵敏系数进行标定，对薄膜应变计电阻 - 应变关系的重复性及稳定性进行表征，并对视应变和漂移应变误差进行分析。此外，将薄膜应变计制备在某型号涡轮叶片上，建立基于频域处理的动应变分析方法，从薄膜应变计的电阻 - 加速度、应变 - 加速度等方面对叶片的高温高周动应变特性进行探究，并与同步采用激光位移传感器测量的位移进行对比分析。（见第六章）

5. 设计 90°PdCr 薄膜应变花结构，以测量弹性基底材料在受到轴向作用力时，其垂直于轴向的压缩应变大小。此外，采用直流反应溅射制备 ITO 薄膜，探究不同比例的 N、Ar 和 O、Ar 制备气氛及退火对 ITO 薄膜电学性能重复性和稳定性的影响，并对 ITO 薄膜应变计进行静态标定。（见第七章）

第二章 薄膜应变计基本原理与试验分析方法

2.1 应变计工作原理

应变传感器又称"应变计"，是一种能感知应变/形变等力学物理信号，并按照一定的规律通过转换电路转变为电阻、电压、电容等电学信号的传感器，以满足信息的传输、处理和显示的需求。电阻式应变计的采集信号为电阻信号，其基本工作原理是基于应变敏感材料的电阻应变效应，即应变敏感元件的电阻随着它感知到的机械形变/力的大小而发生变化，然后建立电阻 – 应变关系，最后根据电阻变化反推所受到的机械形变/力的大小。相比于电容式、电感式等应变计，电阻式应变计的信号采集较为简单方便，因此，电阻式应变计应用相对比较普遍。

电阻应变效应现象最早由英国物理学家开尔文男爵(Lord Kelvin)于1856年发现[49-51]。1878—1883年汤姆理逊(Tomlinson)验证了开尔文的试验结果，并指出金属丝的电阻变化是由于金属材料截面尺寸变化的缘故，随后这一现象又在1923年被布里奇曼(P. W. Bridgman)确认[52]。

电阻式应变计的种类很多，分类方法也很多。而根据应变敏感材料的不同，可以分为三大类：金属应变计、半导体应变计以及陶瓷应变计。以金属导体应变计为对象对电阻应变效应进行解释说明[5,53]。

由欧姆定律得知，金属导体的电阻可以表示为

$$R = \rho \frac{L}{S} \tag{2-1}$$

式中：R 为金属导体的电阻；ρ 为金属导体的电阻率；L 为金属导体的长度；S 为金属导体是横截面积。

对于宽度为 w、厚度为 t 的矩形截面金属导体(如图2 – 1所示)[5]，则其

截面 S 为

$$S = wt$$

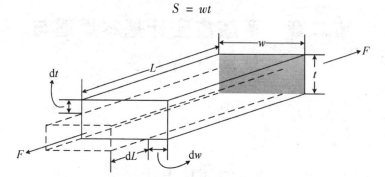

图 2 - 1　长方体金属导体的形变[5]

对于半径为 r 的圆形截面金属导体(如图 2 - 2 所示)[54]，则其截面 S 为

$$S = \pi r^2$$

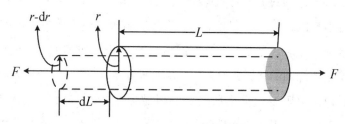

图 2 - 2　圆柱体金属导体的形变[54]

如果金属导体在单轴方向上受到一定的力而产生形变/应变时，其电阻 R 将对应产生变化 $\dfrac{\mathrm{d}R}{R}$，即式(2 - 1)对长度进行一阶微分，为

$$\frac{\mathrm{d}R}{R} = \frac{\mathrm{d}\rho}{\rho} + \frac{\mathrm{d}L}{L} - \frac{\mathrm{d}S}{S} \tag{2 - 2}$$

式中：$\mathrm{d}R$、$\mathrm{d}\rho$、$\mathrm{d}L$ 和 $\mathrm{d}S$ 分别为金属导体在受力后的电阻、电阻率、长度和面积的变化量。

对于矩形和圆形金属导体截面 $\dfrac{\mathrm{d}S}{S}$(如图 2 - 1 和图 2 - 2 虚线所示)变化量分别为

$$\frac{\mathrm{d}S}{S} = \frac{\mathrm{d}w}{w} + \frac{\mathrm{d}t}{t} = \frac{wt\left[\left(1 - \mu\dfrac{\mathrm{d}L}{L}\right)^2 - 1\right]}{wt} = -2\mu\frac{\mathrm{d}L}{L} + \mu^2\left(\frac{\mathrm{d}L}{L}\right)^2 \approx -2\mu\frac{\mathrm{d}L}{L}$$

$$\tag{2 - 3}$$

$$\frac{\mathrm{d}S}{S} = 2\frac{\mathrm{d}r}{r} = -2\mu\frac{\mathrm{d}L}{L} \tag{2-4}$$

式中 μ 为材料的泊松比。把式(2-2)、式(2-3)和式(2-4)中的 $\frac{\mathrm{d}L}{L}$ 作为金属导体对应的应变量，用 ε 表示，即

$$\varepsilon = \frac{\mathrm{d}L}{L} \tag{2-5}$$

并且把式(2-3)和式(2-4)分别带入式(2-2)，则得到长方体和圆柱体应变计电阻因应变引起的电阻变化量 $\frac{\mathrm{d}R}{R}$ 均可表示为

$$\frac{\mathrm{d}R}{R} = (1 + 2\mu)\varepsilon + \frac{\mathrm{d}\rho}{\rho} = \left[(1 + 2\mu) + \frac{\mathrm{d}\rho}{\rho}/\varepsilon\right]\varepsilon \tag{2-6}$$

由于大量试验证明，在金属导体的弹性形变范围内，金属导体电阻的变化量与其所受应变量呈比例关系，即

$$\frac{\mathrm{d}R}{R} = K\varepsilon \tag{2-7}$$

式中 K 为金属导体的应变敏感系数。因此，可将式(2-7)改写为

$$K = \frac{\mathrm{d}R}{R}/\varepsilon \tag{2-8}$$

将式(2-6)带入式(2-8)，得

$$K = (1 + 2\mu) + \frac{\mathrm{d}\rho}{\rho}/\varepsilon \tag{2-9}$$

式中：等号右侧第一项 $(1 + 2\mu)$ 表示金属导体的体积等几何尺寸改变引起的变化；第二项 $\frac{\mathrm{d}\rho}{\rho}/\varepsilon$ 表示由金属电阻率物理特性改变引起的变化。在弹性范围内，由于金属材料的泊松比 μ 一般为 $0.3 \sim 0.5$。因此，式(2-9)第一项为 $1.6 \sim 2.0$。而且，金属材料的电阻率随应变变化较小，一般可以忽略等式右侧第二项。因此，对于金属材料的应变敏感系数主要取决于金属材料的泊松比。

对于半导体应变计，由于半导体材料的电阻率随应变关系为[5]

$$\frac{\mathrm{d}\rho}{\rho} = \pi_L\sigma = \pi_L Y\varepsilon \tag{2-10}$$

式中：$\mathrm{d}\rho$ 为半导体材料受力后引起的电阻率变化；ρ 为半导体材料的电阻率；π_L 为半导体材料的压阻系数；σ 为半导体材料受到的应力；Y 为半导体材料的弹性模量；ε 为半导体材料受到的应变。

将式(2-10)代入式(2-9)，则半导体应变计的灵敏系数为

$$K = \frac{\mathrm{d}R}{R}/\varepsilon = (1 + 2\mu) + \frac{\mathrm{d}\rho}{\rho}/\varepsilon = (1 + 2\mu) + \pi_L Y \qquad (2-11)$$

同样，式(2-11)等号右侧第一项 $(1 + 2\mu)$ 表示半导体材料体积的几何尺寸变化，第二项 $\pi_L Y$ 表示半导体材料电阻率物理特性改变引起的变化。而半导体材料第二项 $\pi_L Y$ 数值通常 50~200。因此，半导体应变计的应变敏感系数主要取决于半导体材料的压阻系数 π_L 和弹性模量 Y。

所以，半导体应变计的应变敏感系数一般大于金属应变计的应变敏感系数。

此外，在单轴应力作用下，薄膜应变计的测量栅与应力方向完全一致，而薄膜应变计的横端电极部分不仅受到轴向应变，而且由于垂直于轴向的泊松比效应，使其存在横向应变，进而使电阻变化小于实际变化量，导致应变灵敏系数小于实际灵敏度系数[5,55]。减小应变计横向效应的方法主要是增加敏感栅长度，减小电极宽度，即增大敏感栅电阻对应变计总电阻的贡献，减弱横端电极对应变计总电阻的作用。而一般来讲，应变计横向响应比较小，可以忽略不计。

2.2 薄膜应变计的结构

本书中，薄膜应变计为电阻式薄膜应变计，采集信号为应变敏感材料的电阻信号。但本书中应变计的电阻随应变变化关系与传统处理方法不同。传统应变计应变测量方法一般将应变计接入惠斯通电桥中，如图 2-3 所示[56]，并由输入电压 U_i 给桥路提供工作电压。当桥路平衡，即 $R_g = R_2 = R_3 = R_4$ 时，输出电压 $U_o = 0$；而当有应变时，桥路平衡被破坏，就会产生相应的输出电压 U_o。根据已知的灵敏系数 K 和输入电压 U_i 来计算出应变的变化，如式(2-12)所示。

$$U_o = \frac{1}{4} K U_i \qquad (2-12)$$

但是，在不施加应变而温度变化较大时，由于应变计中应变敏感材料的电阻温度系数等物理性质，将引起电桥中应变计的电阻变化，进而破坏桥路平衡，引起测量误差。因此，为了避免误差就需要对桥路进行调平。

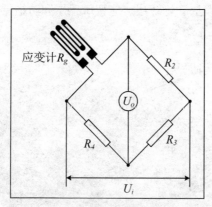

图 2-3 应变测量惠斯通电桥电路示意图[56]

本书中薄膜应变计的电阻-应变特性则直接根据应变计的灵敏系数计算公式获得，即通过对薄膜应变计施加一定的应变 ε，并测量应变计电阻相对变化 $\Delta R/R_0$ 建立关系，而非电压关系。与传统桥路测量方法相比，本书中薄膜应变计的电阻-应变处理方法，一方面不需要桥路、输入和输出电源；另一方面不会因温度变化破坏桥路平衡而导致无法测试。因此，测试电路更简单，也不需要考虑电路调平等因素。

而航空发动机热端部件普遍采用的是镍基或者钛基高温合金等金属制造的。若将应变敏感材料直接沉积在镍基高温合金基底上，将造成应变敏感材料与合金基底电阻信号的短路。因此，需要在应变敏感材料与合金基底之间制备一层绝缘层，以保证应变敏感层与合金基底之间电学信号的绝缘。

而绝缘层材料一般为热膨胀系数较小的陶瓷材料，如 Al_2O_3 等，其热膨胀系数约为 7.5 ppm/℃[57]。而镍基高温合金的热膨胀系数一般为 15.5 ppm/℃[29]。Al_2O_3 的热膨胀系数远小于镍基高温合金的热膨胀系数，相差 106.7%。所以，陶瓷绝缘层与镍基高温合金基底存在较大的热失配。从室温到 800 ℃ 的高温环境的温差，易导致陶瓷绝缘层与镍基高温合金基底因热失配引起的热应力而脱落失效。因此需要在陶瓷绝缘层与镍基高温合金之间制备一层过渡层，如 Ni-CrAlY 层，以释放陶瓷绝缘层与镍基高温合金基底之间的因热失配引起的热应力。

为了提高应变敏感层的高温抗氧化能力，确保应变敏感层的高温稳定性和延长工作寿命，还需在应变敏感层表面制备一层防护层。因此，薄膜应变计结构由下往上依次为过渡层、绝缘层、应变敏感层和防护层四部分。薄膜应变计的结构示意图如图2-4所示。

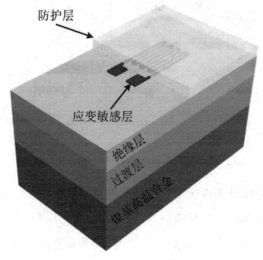

图2-4 薄膜应变计结构示意图

2.3 薄膜应变计性能表征

薄膜应变计具有精度高、响应快、厚度薄、尺寸小等优点。而薄膜应变计敏感栅的电阻已受到环境温度的影响。因此,需要对薄膜应变计的有关性能参数进行表征,主要包括敏感栅电阻的电阻温度系数、重复性、稳定性,以及薄膜应变计的应变敏感系数、视应变误差和漂移应变误差等。

2.3.1 薄膜应变计电阻的测量

本书中薄膜应变计电阻即敏感栅电阻采用吉时利(Keithley)数字源表采集。为了提高敏感栅电阻信号测量的准确度,采用标准的四线法采集电阻信号[58]。传统的二线法测电阻 R_a 原理是测量恒流源电流 I_g 流过被测敏感栅电阻 R_g 所产生的电压 V_x 实现的,即

$$R_a = \frac{V_x}{I_g} \qquad (2-13)$$

其测试原理结构图如图 2 – 5(a) 所示。因为二线法只有一个回路。所以,流经导线的电流 I_1 和流经被测电阻 R_g 的电流一样大小, 即

$$I_1 = I_g \qquad (2-14)$$

将式(2 – 14)代入式(2 – 13)得到测得的视电阻 R_a 为

$$R_a = \frac{V_x}{I_g} = \frac{I_1(R_g + R_{lead-1} + R_{lead-2})}{I_1} = R_g + R_{lead-1} + R_{lead-2} \qquad (2-15)$$

式中 R_{lead-1} 和 R_{lead-2} 分别为回路中两根导电的电阻。

因此, 传统的二线法测量电阻将导线视为敏感栅电阻, 具有较大的不准确性。而四线法测电阻, 又称"开尔文(Kelvin)测电阻", 并非桥式测电阻。四线法测电阻相比二线法测电阻多了一条回路(电压回路), 将电流回路和电压回路分离开, 如图 2 – 5(b) 所示。电压回路将被测敏感栅电阻的压降引入数字源表, 但是因为电压源表的存在, 流经电压回路的电流 I_2 远小于恒流源的电流 I_1, 且几乎为 0。因此, 流经敏感栅的电流 I_g 似约等于恒流源的电流 I_1, 即

$$I_1 \gg I_2 \approx 0 , I_1 \approx I_g \qquad (2-16)$$

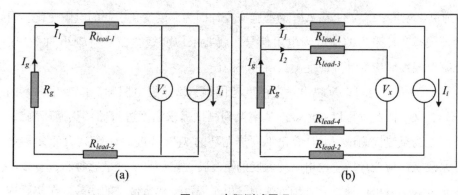

图 2 – 5 电阻测试原理

(a) 二线法 (b) 四线法

因此, 电压回路中导线的压降也约为 0, 电压源测得的压降即为敏感栅电阻的压降

$$V_x \approx V_g \qquad (2-17)$$

将式(2 – 16)和式(2 – 17)代入式(2 – 13)。则四线法测得视电阻 R_a 为

$$R_a = \frac{V_x}{I_1} \approx \frac{V_g}{I_g} = R_g \qquad (2-18)$$

对比二线法测得的视电阻[式(2 – 15)]和四线法测得的视电阻[式(2 – 18)]得知, 二线法将引线电阻引入被测敏感栅的电阻, 测量结果准确度

较差；而四线法测电阻则可以消除导线电阻的误差，提高被测敏感栅电阻的准确度。所以，为了更加准确地测量薄膜应变计敏感栅的电阻，本书中敏感栅电阻均采用四线法测得。

2.3.2　薄膜应变计的电阻温度系数

薄膜应变计敏感栅电阻随着温度变化而变化的特性通常用电阻温度系数（temperature coefficient of resistance，TCR）来表示，即当环境温度变化 1 ℃时，应变计敏感栅电阻所作出的相对改变。因此，敏感栅的电阻温度系数可以反映出一定温度范围内，敏感栅电阻随温度的变化关系，可通过单次热循环测试测得。根据电阻温度系数的定义，其计算公式为

$$TCR = \frac{R_T - R_0}{R_0}/(T - T_0) = \frac{\Delta R_T}{R_0}/(T - T_0) \qquad (2-19)$$

式中：TCR 为电阻温度系数；R_T、R_0 分别为敏感栅在温度为 T 和室温时的电阻；T 为测试温度；T_0 为室温；ΔR_T 为薄膜应变计因为温度变化引起的电阻变化。因为薄膜应变计采集的信号为电阻信号，就要求应变敏感栅具有较小的 TCR，以减小温度对应变计度应变测量所带来的误差。

而 TCR 具有可以反映出一定温度范围内，敏感栅电阻随温度变化关系的物理含义。因此，可以通过多次从室温到测试需求温度进行循环热循环测试，也称之为重复性测试，并计算出不同热循环的 TCR，进而计算 TCR 重复性误差来反映出应变计敏感栅电阻随温度的重复特性。如果应变敏感材料具有较好的重复性，就可以通过后处理方法消除由于温度变化所带来的误差。在实际应用中，可以通过优化应变敏感薄膜的制备工艺以及热处理（老化）等方法来减少薄膜在制备过程中内部所形成的缺陷，提高应变敏感栅电阻的稳定性和重复性，进而提高薄膜应变计整体的性能。

2.3.3　薄膜应变计的电阻漂移率及漂移应变速率

在高温环境中，除了因为温度变化引起敏感栅电阻变化外，在温度保持不变时，随着保温时间的增加，薄膜敏感栅电阻也可能会因为薄膜内部的应力、缺陷等在高温环境中逐渐修复并趋于致密化，或其他因素引起敏感栅电阻的变

化,如敏感栅逐渐被氧化等,将引起薄膜敏感栅电阻逐渐减小或者增大。在高温环境中,薄膜应变计敏感栅电阻随保温时间变化现象可以通过电阻漂移(Resistance drift)来表示,可经过漂移性测试测得。一定时间范围内,敏感栅电阻随保温时间变化的大小通过式(2-20)计算的电阻漂移率来反映,即

$$\alpha_d = \frac{R_{T,\tau} - R_T}{R_T}/t = \frac{\Delta R_{T,\tau}}{R_T}/t \qquad (2-20)$$

式中:α_d 为敏感栅电阻的电阻漂移率;R_T 和 $R_{T,\tau}$ 分别为在测试温度为 T 时,敏感栅电阻的初始电阻和保温 t 后的电阻;$\Delta R_{T,\tau}$ 为在测试温度为 T 保温时间为 t 时,敏感栅电阻的变化量;t 为在测试温度为 T 时的保温时间。

电阻漂移率可以反映出薄膜应变计在高温环境中敏感栅电阻随保温时间的物理量。因此,薄膜应变计在高温环境中敏感栅电阻漂移率的大小可以反映出薄膜应变计在高温环境中的稳定特性。而因敏感栅电阻漂移带来的测量误差为漂移应变误差,用漂移应变速率来表示,其计算公式为

$$\varepsilon_d = \frac{\alpha_d}{K_T} = \frac{\Delta R_{T,\tau}}{R_T}/(K_T \Delta t) \qquad (2-21)$$

式中:ε_d 为薄膜应变计的漂移应变速率;K_T 为温度为 T 时,薄膜应变计的应变灵敏系数。薄膜应变计的漂移应变误差是影响薄膜应变计测量准确度的一个因素。

2.3.4 薄膜应变计的视应变

薄膜应变计的视应变(apparent strain),又称为"热输出",是指在没有对应变计施加应变/力作用时,应变计因为温度、热失配等因素引起的虚假应变误差,是影响应变计高温及变温准确度的重要因素[37,59,60]。应变计视应变的理论推导计算公式为

$$\varepsilon_a = \left(\alpha_m - \alpha_g + \frac{TCR}{K_T}\right)/(T - T_0) = \left(\alpha_m - \alpha_g + \frac{TCR}{K_T}\right)/\Delta T_s \quad (2-22)$$

式中:ε_a 为应变计视应变;α_m 为基底材料的热膨胀系数;α_g 和 TCR 分别为应变计敏感栅材料的热膨胀系数和电阻温度系数;K_T 为温度为 T 时,应变计的灵敏系数;T 为测试温度;T_0 为初始温度;ΔT_s 为温度的变化量。

由式(2-22)得知,应变计的视应变源于应变敏感材料与基底材料的热失配,及应变敏感材料的热膨胀系数的影响。而针对金属应变敏感材料与金属基

底材料，两者的热失配项（$\alpha_m - \alpha_g$）一般较小，对视应变的影响可以忽略不计。金属应变敏感材料的电阻温度系数一般为几百，应变敏感系数一般为 $1 \sim 2$。因此，本书中镍基高温合金基底的视应变主要受材料的电阻温度系数的影响，即

$$\varepsilon_a \approx \frac{TCR}{K_T}/(T - T_0) \tag{2-23}$$

将电阻温度系数计算表公式（2-19）代入式（2-22），则得

$$\varepsilon_a = \frac{R_T - R_0}{R_0}/K_T \tag{2-24}$$

单位温度引起薄膜应变计的视应变大小为视应变敏感系数 $\dfrac{\Delta\varepsilon_a}{\Delta T_s}$，即

$$\frac{\Delta\varepsilon_a}{\Delta T_s} \approx \frac{TCR}{K_T} \tag{2-25}$$

2.3.5　薄膜应变计的应变灵敏系数

薄膜应变计的应变灵敏系数（gauge factor，GF）是表征薄膜应变计的重要参数，其定义为单位应变所引起的应变计电阻的响度变化量，反映的是薄膜应变计随应变的灵敏程度。本书中，薄膜应变计的应变灵敏系数通用 GF 表示，并取代前文中的 K 值。根据应变敏感系数定义

$$GF = \frac{\Delta R}{R}/\varepsilon \tag{2-26}$$

式中：GF 为应变计的应变敏感系数；ΔR 为应变计敏感栅电阻因应变改变所诱导的电阻变化；R 为应变计敏感栅初始电阻；ε 为对应变计施加的应变。将式（2-6）代入式（2-25）得

$$GF = \frac{\Delta R}{R}/\varepsilon = (1 + 2\mu) + \frac{\mathrm{d}\rho}{\rho}/\varepsilon \tag{2-27}$$

测试镍基高温合金基底上制备的薄膜应变计的应变灵敏系数采用的是 Zwick/Roell Z050 材料试验机系统进行标定，如图 2-6 所示。Zwick/Roell-Z050 材料试验机是双立柱型材料试验机，通过计算机系统全数字控制。标定时，镍基高温合金基底被固定在材料试验机上下夹头之间，并经调速系统控制伺服电机转动，通过精密滚珠丝杠副带动移动横梁上升或下降施加载荷/应变。镍基高温合金基底的应变配备的激光引伸计读取的。该激光引伸计识别光为绿

光，以免高温环境影响散斑跟踪效果，其分辨率为 0.11 μm。应变计敏感栅的电阻采用四线法连接，并通过 HBM MX840B 八通道数字源表读取。最后，应变及电阻信号同步到标准电脑上进行存储、显示。而氧化铝基底上制备的薄膜应变计，其应变敏感系数则通过悬臂梁方法测得，如图 2-7 所示。应变通过图 2-7(a)中的螺旋测微计施加，而施加的应变通过粘贴在薄膜应变计背面的标准箔式应变计感知，并经过 BZ2205 程控静态电阻应变仪读取(如图 2-7(b)所示)，薄膜应变计电阻则通过泰克(Tektronix)DMM4050 型数字源表进行测量。

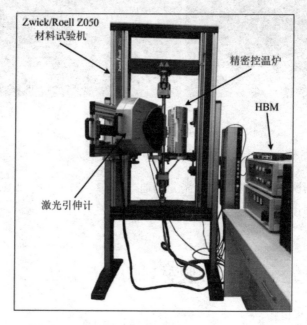

图 2-6　Zwick/Roell Z050 材料试验机测试系统

2.3.6　薄膜应变计应变测量误差分析

应变计测量误差除了前文所述横向效应的外，有以上薄膜应变计的表征中可知，在高温环境中，薄膜应变计的电阻易受温度变化的影响。因此，应变计所测得的应变中包含了真实应变、视应变和漂移应变等三部分，即

$$\varepsilon_m = \varepsilon_t + \varepsilon_a + \varepsilon_d \tag{2-28}$$

式中：ε_m 为薄膜应变计所测得的应变；ε_t 为薄膜应变计所受到的真实应变；ε_a 为薄膜应变计由于温度变化带来的视应变；ε_d 为高温环境中，薄膜应变计电阻漂移所带来的漂移应变。因此，为了获得真实应变，在变温环境或应变计的电

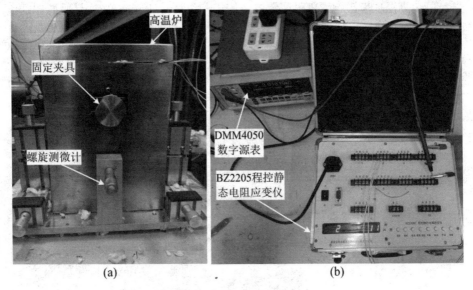

图 2 - 7　悬臂梁测试系统

（a）高温炉　（b）测试系统

阻存在漂移情况下，薄膜应变计需分别通过式(2 - 21)、式(2 - 25)计算得到漂移应变和视应变对测试应变进行校正。

2.4　薄膜材料的表征方法

本书中的薄膜应变计采用的是物理气相沉积(physical vapor deposition, PVD)的方法，即采用物理过程将薄膜应变计各部分依次制备在被测试样表面，以避免化学等过程所带来的杂质影响薄膜应变计的高温性能。物理气相沉积主要包括磁控溅射和电子束蒸发等。薄膜在制备过程中由于薄膜与基底之间的晶格失配、制备工艺的改变等引起制备薄膜材料的成分、微观形貌、结构等有所不同，最终引起材料性能的变化。因此，需要通过分析方法对材料的微观形貌、结构等性能进行表征。

2.4.1　薄膜材料微观形貌表征

扫描电子显微镜(scanning electron microscope, SEM)一种常用可以直接反映

薄膜样品表面形貌的设备。其工作原理是用聚焦电子束在被测试样表面逐点扫描，通过电子束与被测样品的相互作用产生不同的电学信号，并被探测器同步收集并经过视频放大后显示出来[61]。本书中 SEM 型号为 FEI Inspect F50，主要应用于薄膜材料表面及其界面观察。

而能谱仪(energy dispersive spectrometer，EDS)配合扫描电子显微镜可以对被测试样进行元素种类和含量成分的定量分析。其原理是将 X 射线入射到被测试样表面，使被测试样内层电子激发而产生特征 X 射线。而特征 X 射线具有元素固有的能量，所以特征 X 射线收集并展开成能谱后，根据其能量值就可以确定元素种类，而且根据能谱的强度可以确定对应元素的相对含量。

原子力显微镜(atomic force microscope，AFM)是另一种分析材料表面形貌的方法。其工作原理是将一个对力比较敏感的弹性微悬臂一端固定，另一端的微小针尖接近样品并进行扫描，通过检测被测样品与针尖敏感元之间极微弱的原子间作用力，从而使微悬臂发生形变[62,63]。然后通过激光等反馈信号获取被测样品表面形貌起伏特征。本书中 AFM 型号为：ICON2 – SYS，主要应用于薄膜材料表面粗糙度的观察和计算。

2.4.2　薄膜材料微观结构表征

X 射线(X-ray diffraction，XRD)是一种波长很短($0.001 \sim 10$ nm)的电磁波，能穿透一定厚度的物质将 X 射线。将 X 射线入射到晶体材料表面，会与晶体内部的原子发生碰撞产生干涉，而形成特征峰(如图 2 – 8 所示)，且满足布拉格衍射公式[Bragg equation，式(2 – 29)][64,65]

$$2d\sin\theta = n\lambda \qquad\qquad (2-29)$$

式中：d 为晶面间距；θ 为布拉格衍射角或者半衍射角；n 为衍射级数；λ 为入射 X 射线波长。不同晶体结构的薄膜具有不同的 XRD 图谱。结合被测薄膜样品通过 EDS 确定的元素，并将被测薄膜样品的 XRD 图谱与标准图谱比对，就可以得到被测薄膜样品的晶体结构(晶相、空间结构)等。本书中选用 XRD 设备型号为 DX – 1000，主要应用于薄膜材料结构、晶相分析。

同时，结合谢乐公式[Scherrer formula，式(2 – 30)]可以对薄膜晶体材料中的晶粒尺寸进行粗略评估。

$$D = \frac{K \cdot \gamma}{B \cdot \cos\theta} \qquad\qquad (2-30)$$

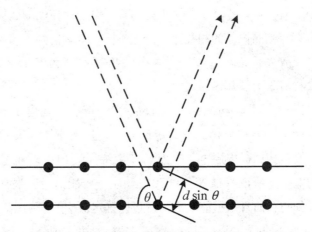

图 2-8　布 X 射线衍射示意图

式中：D 为晶粒平均粒径；K 为谢乐常数，通常取值为 0.89；γ 为入射 X 射线波长；B 和 θ 分别为被测晶体薄膜样品的衍射峰的半高宽（full width at half maxima，FWHM）和半衍射角。

2.4.3　薄膜材料电阻率

薄膜电阻率是薄膜材料的一个重要电学参数，相比块体材料略有不同，主要是因为薄膜材料在制备过程，薄膜材料与基底材料之间晶格点阵常数的不匹配、薄膜在沉积过程中形成微孔、晶界、位错等结构缺陷，而且薄膜材料具有更加细小的晶粒、较多的杂质[66,67]。另外，根据薄膜的定义，可知薄膜具有较大的表面积与体积比。因此，薄膜表面的电子散射对薄膜电导率具有较大的影响[68]。

金属薄膜的电阻率广泛采用四探针方法来测量薄膜的方阻。金属薄膜的方阻、薄膜厚度、电阻率之间满足关系式（2-31）。四探针法测试原理示意如图 2-9 所示。以一定压力将等间距的四根探针接触在无穷大且均匀的被测薄膜表面上。若探针间距为 L，当最外侧两根探针之间通过的电流为 I，内侧两个探针之间的电势差为 U，则被测薄膜方阻可以通过公式（2-32）得到[69]。因此，再结合台阶仪测得的薄膜的厚度，根据公式（2-33）可以计算得到被测样品的电阻率。

$$R_{sq} = \rho \frac{l}{l \cdot d} = \frac{\rho}{d} \qquad (2-31)$$

$$R_{sq} = F_2(D/F) \cdot F_{SP} \cdot \frac{U}{I} \tag{2-32}$$

$$\rho = \frac{R_{sq}}{d} \tag{2-33}$$

式中：ρ、R_{sq} 和 d 分别为被测材料的电阻率、方阻和厚度；$F_2(D/F)$、F_{SP} 为直径和厚度修正因子。

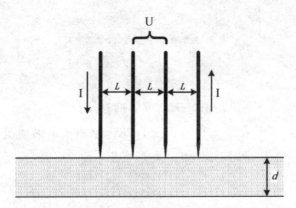

图 2 – 9　四探针测试原理示意图

2.4.4　薄膜材料膜厚表征

薄膜材料的厚度通过接触式台阶仪测量。接触式台阶仪采用的是悬臂微探针在毫克量级的压力接触被测薄膜表面，微探针扫描被测薄膜的台阶表面，台阶的高度差引起微探针电信号的变化。因此，微探针电信号的变化就反映出台阶高度的变化情况[70]。使用测试软件拟合、校正得到高度差即为被测试薄膜厚度以及粗糙度的变化情况。本书中采用的台阶仪型号为 Dektak 150 型，测量精度大于 200 Å。

另一种测量厚度的方法是石英晶体振荡器（quartz crystal oscillators, QCOs）[71,72]。石英振荡器的结构示意图如图 2 – 10 所示，其工作原理是基于石英晶体的压电效应和质量负荷效应。将石英振荡器放置于镀膜机腔体内，当有其他物质沉积在石英晶振片表面时，将引起其固有频率的减小。通过与另一振动电路频率相比较，可以很精确地测量出石英晶振片固有频率的变化。因此，由石英晶振片固有频率的变化可以测量出沉积薄膜的厚度。而且，利用石英晶体振荡器测量沉积薄膜的厚度实现薄膜厚度的实时监测，也可以用来控制薄膜

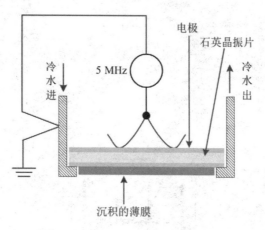

图 2-10　石英振荡器的结构示意图

的沉积速率等，实现薄膜沉积过程的自动化控制。本书中膜厚仪型号为：CRTM-6000G，主要应用于薄膜的沉积速率和厚度的检测。

2.5　本 章 小 结

本章首先详细介绍了薄膜应变计的应变测试原理，根据其工作原理推导了薄膜应变计电阻随应变的变化关系，得到了应变灵敏系数的计算方法，并对薄膜应变计的结构、电阻测量及其他表征方法进行介绍说明。其次，从温度对薄膜应变计电阻变化的影响所引入的应变测量误差进行了讨论。最后，对薄膜材料的微观形貌、晶格结构等表征方法进行了简要介绍。

第三章　过渡层及绝缘层的制备及性能研究

薄膜应变计是一种将应变信号转变为电阻信号的传感器,采集信号为应变计敏感栅的电阻信号。但是,航空发动机的高温部件,如发动机的涡轮叶片等通常采用钛基合金或者镍基高温合金等金属材料制造的。如果将应变敏感材料直接沉积在航空发动机的涡轮叶片等金属基底上,将引起金属基底和应变敏感材料电阻信号的并联,形成并联分流效应,导致应变计电阻减小至接近零欧姆,造成应变敏感材料电阻信号无法读取。因此,薄膜应变计需要在应变敏感材料和金属基底之间制备绝缘层,以构成两者之间电阻信号的绝缘,确保应变敏感层电阻信号的稳定性和有效性。为此,本章中将通过以下几方面优化并提高薄膜应变计绝缘层的绝缘效果:

1. 优化过渡层 NiCrAlY 薄膜中的热生长氧化层(TGO),提高其绝缘效果;
2. 采用 YSZ/Al_2O_3 多层薄膜结构提高绝缘性的绝缘效果;
3. 采用 TGO/MgO 陶瓷薄膜作为绝缘层,并探究其高温绝缘机理。

3.1　过渡层薄膜制备及其对绝缘性能的影响

MCrAlY 薄膜因为在高温环境中其表面形成连续致密的氧化层延缓并阻止氧气的渗透和扩散,而被用作热障涂层(thermal barrier coating, TBC),并被广泛用于航空发动机领域[73-81]。其中 M 通常为 Ni、Co 或者两者均含,Cr 的含量为 15~25 wt.%,Al 的含量为 10~15 wt.%,Y 作为添加剂的含量为 0.3~1 wt.%以提高 MCrAlY 涂层的抗氧化性[82,83],剩余量为 M[76,84]。本书中选用 NiCrAlY 涂层材料主要原因是:Ni 为该涂层材料的主要成分,与镍基高温合金具有相近的热膨胀系数。因此,MCrAlY 薄膜可被用为过渡层或者黏附层[85-87]。与此同时,NiCrAlY 薄膜在真空环境中进行高温热处理(>1 000 ℃),涂层中的 Al 向表面偏析,形成"富 Al"层[88-90],随后恒温通入纯氧进行氧化,使表面的"富 Al"层逐渐氧化形成连续、致密的热生长氧化层

（thermally grown oxide，TGO），从而构成"NiCrAlY – 富 Al – TGO"的三明治结构，实现了金属相逐渐过渡为陶瓷相，有利于释放镍基高温基底和 TGO 层由于热膨胀系数失配而产生的热应力，提高金属基底与陶瓷绝缘层的附着性。本小节中，采用 GJP560 磁控溅射薄膜沉积系统沉积 NiCrAlY 薄膜，并通过析铝氧化工艺优化 TGO 层的绝缘性。

3.1.1　NiCrAlY 薄膜的制备

以 GH3536 镍基高温合金(60 mm × 30 mm × 3 mm)为基底，GH3536 具有良好的抗氧化和耐腐蚀性能，主要成分见表 3 – 1 所列[91]。首先，GH3536 镍基高温合金基底表面采用机械抛光，用肉眼观察无明显划痕。然后，依次使用专用去污剂、丙酮、酒精、去离子水超声清洗 15 min，最后用干燥氮气吹干备用。NiCrAlY 薄膜采用直流磁控溅射方法制备，靶材距离 GH3536 基底距离（靶基距）为 100 mm，NiCrAlY 靶材尺寸为 177.8 mm × 88.9 mm × 10 mm，可以实现较大面积均匀薄膜的沉积。腔体内部采用常规电阻丝加热方式加热，可使整个基底均匀受热，有助于提高 NiCrAlY 薄膜的致密性。NiCrAlY 薄膜具体的制备工艺参数见表 3 – 2 所列。

表 3 – 1　GH3536 镍基高温合金化学成分[91]

元素	C	Cr	Co	W	Mo	Fe	Al	Ti	Ni
含量/ wt. %	0.05 | 0.15	20.50 | 23.00	0.50 | 2.50	0.20 | 1.00	8.00 | 10.00	17.00 | 20.00	≤0.50	≤0.15	余量

表 3 – 2　NiCrAlY 薄膜制备工艺参数

影响因素	沉积条件
NiCrAlY 靶材/wt. %	67 Ni – 22 Cr – 10 Al – 1 Y
靶基距/mm	100
本底真空/Pa	5.0×10^{-4}
基底温度/℃	450
Ar/sccm	40
溅射气压/Pa	0.4

续表

影响因素	沉积条件
溅射功率/W	200
预溅射时间/min	5
溅射时间/h	8
厚度/μm	16

3.1.2　NiCrAlY 薄膜微观表征

通过 EDS 对沉积得到 NiCrAlY 薄膜的元素及含量进行分析，结果如图 3-1 所示。各元素含量如图 3-1 右上角所示，其中 Ni 元素的含量为 66.95 wt. %，Cr 元素的含量为 23.39 wt. %，Al 元素的含量为 9.66 wt. %，未探测到 Y 元素，主要原因是 Y 元素含量较少。三种元素的含量与 NiCrAlY 靶材的含量基本上一致。

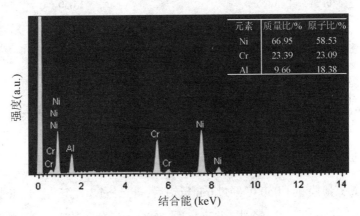

图 3-1　NiCrAlY 薄膜 EDS 图谱

3.1.3　TGO 层对绝缘层性能的研究

析铝氧化的 NiCrAlY 过渡层不仅有助于提高薄膜的附着性，而且表面形成的高温熔点、低电导率的 TGO 层有助于提高绝缘层的绝缘性能。但是过渡层结构表面 TGO 层的致密性将影响绝缘层的绝缘性效果。为了提高 NiCrAlY 薄膜表面 TGO 层对绝缘层的影响，本小节研究析铝氧化工艺中的不同氧化时间，以优化 TGO 层的致密度，提高其绝缘效果。

3.1.3.1 TGO 层氧化处理工艺研究

将制备有 NiCrAlY 薄膜的 GH3536 镍基高温合金样品放置于管式石英炉中，在石英炉中的背低真空优于 8×10^{-4} Pa 后，将石英炉的温度以 5 ℃/min 的速率升至 1 050 ℃并保温 6 h 进行析铝过程。然后，保持石英炉的温度为 1 050 ℃并关闭真空系统，通入纯度为 99.999% 的 O_2 进行氧化过程。以研究氧化时间分别为 3 h、6 h 和 12 h 对附着力及绝缘性能的影响，具体工艺参数见表 3-3 所列。

表 3-3　NiCrAlY 薄膜 "析铝氧化" 工艺

影响因素	热处理条件
背低真空/Pa	8×10^{-4}
升温速率/(℃/min)	5
析铝温度/℃	1 050
析铝时间/h	6
氧化温度/℃	1 050
氧化时间/h	3、6、12
降温速率/(℃/min)	5

3.1.3.2 TGO 层形貌表征

NiCrAlY 薄膜在 1 050 ℃经过 6 h 析铝后，再经过 3 h、6 h、12 h 氧化的表面 SEM 图如 3-2 所示，经过 3 h 氧化后，NiCrAlY 薄膜的富 Al 层表面形成晶粒较为粗大的，但未能形成连续的热氧化生长 Al_2O_3 膜；经过 6 h 和 12 h 氧化后，富 Al 层表面形成晶粒较为细小、均匀且连续的热氧化 Al_2O_3 膜。对 3 h、6 h、12 h 氧化处理后的 NiCrAlY 薄膜表面元素进行 EDS 面扫，分析结果见表 3-4 所列。在表面只探测到了 Al、Ni、Cr 和 O 四种元素，并未探测到 Y 元素，主要是因为 NiCrAlY 靶材中 Y 元素的相对含量比较少。Ni 元素和 Cr 元素的含量相对靶材也较低，Al 元素和 O 元素含量则偏高。主要原因是经过 1 050 ℃的高温真空析铝后，NiCrAlY 薄膜中的 Al 元素向表面偏析，使 NiCrAlY 薄膜表面形成"富 Al"层，随后通入高纯氧气使表面的"富 Al"层被氧化形成热氧化的 Al_2O_3 薄膜，氧化反应方程为（3-1）所示[84]。同时，表面的"富 Al"层也阻止 Ni 和 Cr 的氧化。对比不同氧化时间的 EDS 显示：Al 和 O 元素随着氧化时间的增加而增加，而 Ni 和 Cr 元素则随着氧化时间的增加而减少。表明：随着氧化时间的增加，NiCrAlY 薄膜中的 Al 元素继续析出到薄膜表面并与 O 元素结合形成 Al_2O_3 导致表面 Ni 和 Cr 元素的减少，而表面 Al_2O_3 薄膜随着氧化时间的增加而逐渐加厚并致密化，将抑制 Al 与 O 元素的进一步结合形成。因此，经过 12 h 氧化后的 Al、Ni、Cr 和 O 四种元素的含量相对 6 h 氧化后没有发生特别明显的变化。

图 3 -2 NiCrAlY 薄膜经过"析铝氧化"后的 SEM 图谱

(a) 3h (b) 6h (c) 12 h

$$2[Al] + 3[O] \rightarrow Al_2O_3 \qquad (3-1)$$

表3-4 NiCrAlY 薄膜经过析铝氧化后的 EDS 面扫描分析结果

氧化时间/h	元素含量/wt. %			
	Al	Ni	Cr	O
3	26.31	47.7	10.11	15.88
6	46.76	21.65	7.87	23.72
12	48.83	17.11	6.54	27.52

NiCrAlY 薄膜经过 3 h、6 h 和 12 h 氧化所形成的 TGO 层 SEM 截面图如图 3-3 所示。由图可知，TGO 层的厚度分别为 0.52 μm、0.83 μm、1.14 μm。同时，从图可以观察到，氧化 3 h 和 6 h 后的 TGO 层结构致密、与下层薄膜连接紧密，无明显的界面、裂纹等现象。但是在氧化 12 h 后，上表面的 TGO 与下层金属薄膜的界面之间有明显的开裂现象。造成这种现象的可能原因是，析铝后的"富 Al"层逐渐被氧化消耗，失去过渡作用。而 1 050 ℃到室温的温差使得 TGO 层与下层薄膜之间因热失配而形成较大的热应力导致 TGO 层与下层金属薄膜之间存在开裂现象。

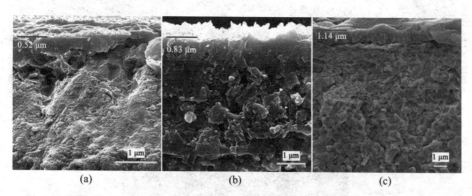

图3-3 NiCrAlY 薄膜不同氧化时间后的 SEM 截面图

(a) 3h (b) 6h (c) 12 h

NiCrAlY 薄膜在 1 050 ℃经过 6 h 析铝后，再经过 3、6、12 h 氧化后样品的光学照片如图 3-4 所示。经过 3 h 氧化后(见图 3-4(a))，表面没有任何光泽，主要原因是氧化处理时间较短，NiCrAlY 薄膜表面并未形成连续且致密的热氧化 Al_2O_3 膜，表面相对比较粗糙。在经过 6 h 和 12 h 氧化后，NiCrAlY 薄膜表面形成具有较明显光泽度的热氧化 Al_2O_3 膜，如图 3-4(b)和图 3-4(c)所示，但是经过 12 h 氧化出现部分起皮脱落的现象(见图 3-4(d))，使用 Keithley 2750 数字源表测量起皮脱落部分与基底导通，表明部分 TGO 层脱落，与 SEM 观察到结果一致。因此，NiCrAlY 薄膜析铝氧化的氧化时间不宜过长（ < 12 h）。

图 3 – 4　**NiCrAlY 薄膜经过"析铝氧化"后样品的光学照片**

（a）3h　（b）6h　（c）12 h　（d）12 h 氧化后局部放大图

3. 1. 3. 3　TGO 层结构表征

NiCrAlY 薄膜经过析铝氧化后的 XRD 图谱如图 3 – 5 所示，经过 3 h、6 h、

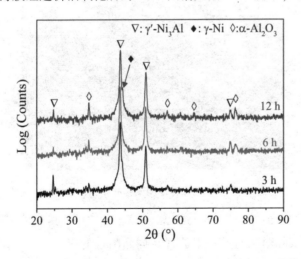

图 3 – 5　**NiCrAlY 薄膜经过"析铝氧化"后的 XRD 图谱**

12 h 氧化后主要成分为 $\alpha - Al_2O_3$、$\gamma - Ni$ 和 $\gamma' - Ni_3Al$ 相[77,81,92]。其中 $\alpha - Al_2O_3$ 相在高温环境比较稳定，而 $\gamma - Ni$ 和 $\gamma' - Ni_3Al$ 相为 NiCrAlY 主要的金属相。并未探测到 Cr 和 Y 的氧化物，主要是因为 NiCrAlY 薄膜经过高温真空析铝后表面形成"富 Al"层。而后通入高纯氧后，表面的"富 Al"层首先被氧化形成 $\alpha - Al_2O_3$ 层，并抑制下层 Ni、Cr 元素的氧化。不同氧化时间的 XRD 图谱表明，NiCrAlY 薄膜在氧化 3 h 后，只有微弱的 $\alpha - Al_2O_3$ 峰值，随着氧化时间的增加，$\alpha - Al_2O_3$ 的 XRD 峰值逐渐增加，$\gamma' - Ni_3Al$ 的 XRD 峰值逐渐减小。表明 NiCrAlY 薄膜随着氧化时间的增加，薄膜表面的 $\alpha - Al_2O_3$ 层厚度逐渐增加。XRD 测试结果与 EDS 分析结果相一致。

3.1.4　TGO 层绝缘特性对比

3.1.4.1　绝缘特性评估方法

绝缘特性评估是通过在样品表面制备电极后，通过测试绝缘电阻随温度的关系来表征其绝缘性优劣。样品结构示意图如图 3 - 6 所示，以 GH3536 镍基高温合金(60 mm × 30 mm × 3 mm)为基底，在 TGO 层表面再制备两个厚度约为 2 μm 的 PdCr 薄膜焊接盘。以直径为 100 μm 的 Pt 丝作为导线，并通过可印刷高温银浆在 800 ℃烧结 20 min 后将导线烧结在 PdCr 焊接盘上。

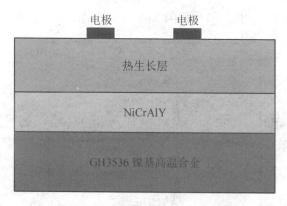

图 3 - 6　绝缘特性测试样品结构示意图

绝缘电阻的评估是在大气环境中，通过一个商用的可自编程高温方炉内进行的。样品的实际温度通过一根放置在样品附近的 K 型热电偶测得，样品的绝缘电阻通过 Keithley 2750 多通道数字源表进行实时监测。样品的温度和电阻通过输入输出板(I/O board)和 Keithley KUSB –488B 同步输出到电脑上进行存储和显示。绝缘特性测试系统如图 3 –7 所示。

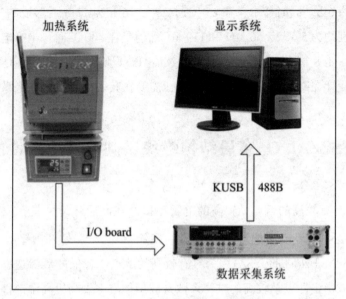

图 3 –7　绝缘特性测试系统

3.1.4.2　TGO 层绝缘特性对比

NiCrAlY 薄膜在 1 050 ℃分别氧化 3 h、6 h 和 12 h 后形成的 TGO 层绝缘性对比如图 3 –8 所示。随着测试温度的增加，不同氧化时间形成的 TGO 薄膜的绝缘电阻均呈现出指数形式减小。对比不同氧化时间的绝缘电阻显示，氧化

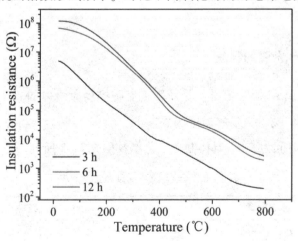

图 3 –8　不同氧化时间 TGO 层绝缘特性对比

6 h 的绝缘电阻相比于氧化 3 h 的提高了将近一个数量级。而氧化 6 h 的绝缘电阻和氧化 12 h 的绝缘电阻相差无几。因此，将 NiCrAlY 薄膜析铝氧化的氧化时间确定为 6 h。同时显示，在 25 ℃时，3 h、6 h 和 12 h 后形成的 TGO 层绝缘电阻分别约为 5 MΩ、66 MΩ 和 119 MΩ。但是在 800 ℃时，绝缘电阻分别仅为 0.2 kΩ、1.8 kΩ 和 2.6 kΩ。所以，NiCrAlY 薄膜氧化形成的 TGO 层不能满足薄膜应变计在高温环境下的绝缘需求，需要在其表面制备其他绝缘层[93]。

3.2 YSZ/Al$_2$O$_3$ 多层结构绝缘层制备及绝缘性能研究

Al$_2$O$_3$ 具有较高的熔点、较高的电阻率以及在高温环境中具有较好的物理和化学稳定性，常被用作薄膜传感器的绝缘层[94-96]。另外，钇稳定氧化锆（yttria-stabilized zirconia，YSZ）因为具有较高的熔点、较低的氧渗透率，优异的化学和机械稳定性以及较高的难容系数常被用作航空发动机高温部件的热障涂层（Thermal barrier coating，TBC）[97-99]。但是，单层 Al$_2$O$_3$ 陶瓷薄膜结构在制备过程中容易因为薄膜中的结构缺陷导致绝缘层上面的敏感层与金属基底导通[100-101]。因此，选用多层绝缘层结构，利用不同膜层之间的界面势垒阻断单层薄膜中的贯通缺陷[102]。本小节研究多层结构的 YSZ/Al$_2$O$_3$ 薄膜的绝缘性。

3.2.1 Al$_2$O$_3$ 及 YSZ 薄膜的制备

3.2.1.1 Al$_2$O$_3$ 薄膜的制备

以高纯金属 Al 靶为靶材，并采用直流磁控反应溅射的方法制备 Al$_2$O$_3$ 薄膜，Ar:O = 49:2.3，基底温度为 550 ℃，溅射功率为 100 W，溅射气压为 0.4 Pa，溅射时间为 5 h，具体制备工艺参数见表 3-5 所列。

表 3-5　Al$_2$O$_3$ 薄膜的制备工艺参数

影响因素	沉积条件
靶基距/mm	70
本底真空/Pa	8.0×10^{-4}

影响因素	沉积条件
基片温度/℃	550
Ar: O/sccm	49: 2.3
溅射气压/Pa	0.4
溅射功率/W	100
溅射时间/h	5

3.2.1.2　YSZ 薄膜的制备

YSZ 薄膜工艺优化选用 Al_2O_3 为基底以利于微观结构的分析。以高纯 YZr 合金为靶材，采用直流磁控反应溅射的方法沉积，具体制备工艺参数如表 3-6 所示。不同的基底温度对 YSZ 的微观结构有较为明显的影响。因此采用在 550℃ 恒温溅射 5 h，先在 550 ℃ 恒温溅射 1 h、再降温溅射 4 h 和在室温（room temperature, RT）溅射 5 h 等三种方式制备 YSZ 薄膜。

表 3-6　YSZ 薄膜制备工艺参数

影响因素	沉积条件
YZr 靶材/wt. %	8Y - Zr
本底真空/Pa	8.0×10^{-4}
基片温度/℃	RT、550 - RT、550
Ar: O/sccm	49: 1.6
溅射气压/Pa	0.4
溅射功率/W	110

图 3-9 为基底温度分别为 RT、550 ℃ 和 550℃ - RT 下制备的 YSZ 薄膜的 SEM 表面和截面形貌图，从图 3-9（a）可得基底温度为 RT 制备的 YSZ 薄膜晶粒较为细小且均匀致密，而有截面图 3-9（b）观察到 RT 制备的 YSZ 薄膜整体由颗粒堆积而成，这种结构较为疏松，容易形成导电通道，不利于绝缘层性能的提高。而从图 3-9（c）在基底温度为 550℃ 制备 YSZ 薄膜结构较为致密，晶粒细小且融为一体，从图 3-9（d）断面图观察到 550 ℃ 制备 YSZ 薄膜结构为致密的柱状结构。如图 3-9（e）显示，有 500 ℃ - RT 降温制备的 YSZ 薄膜的晶

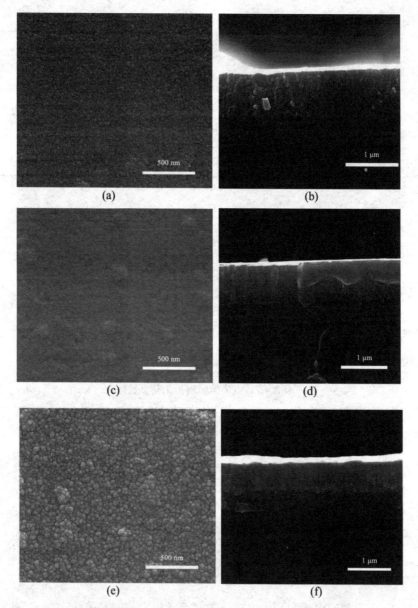

图 3 - 9　不同基底温度下制备的 YSZ 薄膜 SEM 表面和截面形貌图

(a)、(b) RT　(c)、(d) 550 ℃　(e)、(f) 550 ℃ - RT

粒最大,而断面图(见图 3 - 9(f))显示,降温制备的 YSZ 薄膜明显有两种不同的织构。主要是高温阶段制备的 YSZ 较为致密,而低温阶段制备的 YSZ 结构相对比较疏松,导致 500 ℃ - RT 降温制备的 YSZ 薄膜具有两种明显不同的织构。因此,采用 550 ℃ 恒温作为制备 YSZ 薄膜的最优基底温度[103]。

3.2.2　不同结构绝缘层绝缘特性对比及机理讨论

以 DZ22 镍基高温合金为基底对比单层 Al_2O_3 绝缘层、双层 YSZ/Al_2O_3 绝缘层和四层 $YSZ/Al_2O_3/YSZ/Al_2O_3$ 绝缘层等不同结构绝缘层的绝缘性。不同结构绝缘层样品均以 NiCrAlY 薄膜经过"析铝氧化"工艺为形成渐变过渡层。降温后，反应溅射制备 Al_2O_3 和 YSZ 薄膜绝缘层，工艺参数总结见表 3−7 所列。单层 Al_2O_3 绝缘层厚度为 4 μm，双层 YSZ/Al_2O_3 绝缘层中厚度分别为 1 和 3 μm，四层 $YSZ/Al_2O_3/YSZ/Al_2O_3$ 结构，YSZ 和 Al_2O_3 薄膜层厚度分别为 0.6 μm 和 1.4 μm，总厚度均控制为 4 μm。再在绝缘层表面制备 PdCr 电极，构成如图 3−6 所示结构图。以直径为 100 μm 的 Pt 丝作为引线，并通过可印刷高温银浆在 800 ℃烧结 20 min 后将导线固化连接在 PdCr 焊接盘上。因为银浆中的导电主体 Ag 的熔点只有 961.8 ℃。因此，为了确保 Pt 引线与 PdCr 电极之间具有较好的欧姆接触，保证测试结果的有效性，将测试的最高温度设定为 800 ℃。绝缘层绝缘电阻对比结果如图 3−10 所示，测试结果表明：单层 Al_2O_3 绝缘层在室温的绝缘电阻只有 10 MΩ，在 800 ℃只有 1.5 kΩ，已经不能满足薄膜传感器的绝缘性需求。而且与 NiCrAlY 薄膜在 1 050 ℃真空"析铝"6 h 和纯氧氧化 6 h 形成的 TGO 层绝缘性相当，表明直流反应溅射制备的单层 Al_2O_3 薄膜中可能形成贯穿微孔等结构缺陷；而双层结构 YSZ/Al_2O_3 的绝缘层在 200 ℃之前，其绝缘电阻超出了 Keithley 2750 数字源表的量程（120 MΩ），在 800 ℃的绝缘电阻约为 40 kΩ，而且在整个测试温度阶段，双层结构 YSZ/Al_2

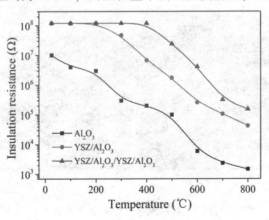

图 3−10　多层结构绝缘层绝缘电阻对比

O$_3$的绝缘层绝缘电阻相比单层 Al$_2$O$_3$ 绝缘层提高了一个数量级。而四层结构的 YSZ/Al$_2$O$_3$/YSZ/Al$_2$O$_3$绝缘电阻在 400 ℃ 之前的都超出了量程，在 800 ℃ 的绝缘电阻也达到了 200 kΩ。而四层结构的 YSZ/Al$_2$O$_3$/YSZ/Al$_2$O$_3$绝缘电阻相比双层结构 YSZ/Al$_2$O$_3$ 也提高了将近一个数量级。对比结果表明：随着绝缘层结构层数，即界面的增加，绝缘电阻逐渐增加。四层结构的 YSZ/Al$_2$O$_3$/YSZ/Al$_2$O$_3$绝缘层具有更好的绝缘性，在 800 ℃ 的电阻约为 200 kΩ。

表 3 – 7　Al$_2$O$_3$ 和 YSZ 薄膜制备工艺参数

材料	靶材 wt. %	基底温度/ ℃	Ar: O/sccm	气压/ Pa	功率/ W	沉积速率/ （nm/s）
YSZ	8Y – Zr	550	49:1.6	0.4	110	0.03
Al$_2$O$_3$	Al	550	49:2.3	0.5	100	0.08

由图 3 – 6 绝缘特性测试样品结构示意图得到两个电极之间（Ⅰ和Ⅱ）的绝缘电阻是膜平面（水平）方向和膜厚度（垂直）方向绝缘电阻的并联作用，其电路示意图如图 3 – 11（a）所示。沿着膜平面的距离（两个电极之间的距离 4 mm）远大于膜厚（4 μm），而同种材料具有相同的电阻率。根据欧姆定律可知，其沿着膜平面的绝缘电阻（R_{i1}）远大于沿着膜厚度方向的绝缘电阻（R_i），由并联电阻公式可知，两个电极之间的绝缘电阻主要取决于 R_i。但由于绝缘层绝缘电阻并不能达到无穷大，导致与金属基底（包含 NiCrAlY 薄膜）并不能绝对的电学绝缘，而存在绝缘电阻并联分流效应。金属基底与应变敏感层之间的电阻并联分流模型的等效电路图如图 3 – 11（b）所示。应变计敏感栅电阻为 R_g，绝

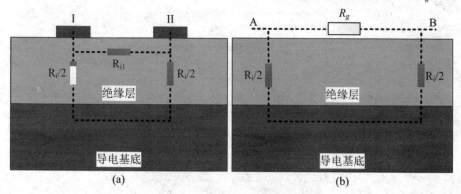

图 3 – 11　绝缘电阻等效电路图

（a）水平和垂直绝缘电阻　（b）绝缘电阻的并联分流模型

缘层绝缘电阻为 R_i ，则视电阻 R_{AB} 可表示为

$$R_{AB} = R_i \Delta R_g / (R_i + R_g) \qquad (3-2)$$

假设应变计敏感栅电阻为 120 Ω，应变计的 GF 为 2。单层 Al_2O_3、双层 YSZ/Al_2O_3 绝缘层和四层 $YSZ/Al_2O_3/YSZ/Al_2O_3$ 绝缘层在 800 ℃ 的绝缘电阻分别约为 1.5 kΩ、40 kΩ 和 200 kΩ，其视电阻 R_{AB}、电阻误差以及电阻相对误差见表 3-8 所列。由表 3-8 可以得到，随着绝缘层绝缘电阻的增加，因绝缘电阻并联分流导致的应变计电阻误差由 7.5% 逐渐减小到 0.06%，应变误差也由 37 037 με 减小为 300 με。所以，随着绝缘层绝缘电阻的增加，有助于提高薄膜应变计准确度的提高和应变误差的减小。

表 3-8 不同绝缘层结构在 800 ℃ 的绝缘电阻并联分流误差分析

绝缘层结构	绝缘电阻/ kΩ	视电阻/ Ω	电阻误差/ Ω	电阻相对误差/ %	应变误差/ με
Al_2O_3	1.5	111.11	8.89	7.5	37037
YSZ/Al_2O_3	40	119.64	0.39	0.3	1495
$YSZ/Al_2O_3/YSZ/Al_2O_3$	200	119.93	0.07	0.06	300

3.2.3 四层绝缘层的微观结构

四层 $YSZ/Al_2O_3/YSZ/Al_2O_3$ 绝缘层的 SEM 截面图如图 3-12(a)所示。YSZ 和 Al_2O_3 薄膜层与层之间紧密相连，在界面清晰且没有明显的裂纹，有助于阻断单层薄膜因为缺陷等所造成的导电通道。其中，YSZ 薄膜厚度均为 0.6 μm，Al_2O_3 薄膜分别约为 1.4 和 1.7 μm。从图 3-12(b) YSZ 薄膜局部放大图观察到，YSZ 薄膜为柱状结构，其柱状结构有助于减小不同薄膜结构的因为热膨胀系数不同所引起的热应力，提高多层薄膜之间的附着性。从图 3-12(c) Al_2O_3 薄膜局部放大图观察到，Al_2O_3 薄膜结构均匀、致密有助于提高整体绝缘层的绝缘性能。

四层 $YSZ/Al_2O_3/YSZ/Al_2O_3$ 绝缘层的 XRD 图谱如图 3-13 所示。与标准 PDF#37-1307 和 PDF#74-1081 相比对，直流反应溅射制备的 YSZ 和 Al_2O_3 薄膜分别为 $Zr_{0.82}Y_{0.18}O_{1.91}$[104] 和刚玉($\alpha-Al_2O_3$)[105]，空间结构分别为 R-3m 和 R-3c。在 800 ℃ 大气退火 2 h 后，YSZ 薄膜在 2θ = 29.9° 的(101)峰明显加强，

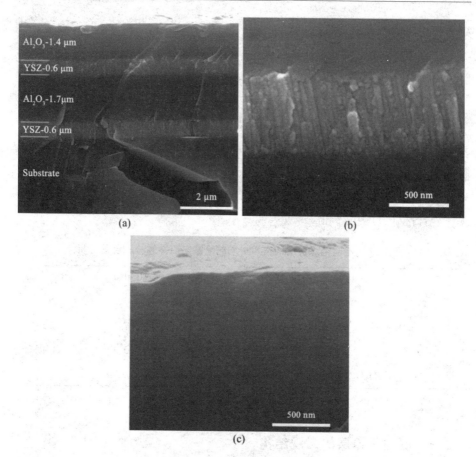

图 3 – 12　四层绝缘层的 SEM 图

（a）四层 YSZ/Al_2O_3/YSZ/Al_2O_3 绝缘层的 SEM 截面图

（b）YSZ 薄膜局部放大图　　（c）Al_2O_3 薄膜局部放大图

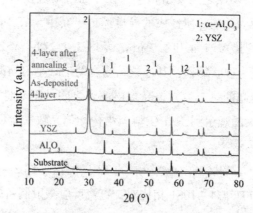

图 3 – 13　四层 YSZ/Al_2O_3/YSZ/Al_2O_3 绝缘层的 XRD 图谱

其他峰位的峰强没有发生明显变化，YSZ 有择优生长趋势，有助于内应力的释放，可能与 SEM 观察到的柱状结构相关。而 Al_2O_3 薄膜的峰强也没有发生明显变化。表明，Al_2O_3 薄膜具有较好的稳定性，有助于提高绝缘层的热循环稳定性。

3.2.4　四层复合绝缘层绝缘电阻的热循环特性

3.2.4.1　四层复合结构绝缘层的高温可靠性分析

四层结构 $YSZ/Al_2O_3/YSZ/Al_2O_3$ 绝缘电阻的热稳定性通过热循环来表征。从图 3 – 14(a) 是四层结构 $YSZ/Al_2O_3/YSZ/Al_2O_3$ 在 25 ~ 800 ℃五次升温阶段绝缘电阻随温度的变化关系。由图可知，绝缘层绝缘电阻随着温度的升高，其绝缘电阻呈指数形式减小。在五次循环过程中，绝缘电阻随着循环次数的增加，逐渐趋于稳定。在五次循环后，在 800℃时最小绝缘电阻约为 100 kΩ。同时显示在 550 ~ 700 ℃之间，绝缘电阻突然有 1 000 kΩ 减小到 500 kΩ。可能是高温环境下，YSZ 薄膜逐渐由介质材料转变为良好的导电材料所导致的[106-108]。图 3 – 14(b) 为第五次热循环以及在 800 ℃保温 4.5 h 的电阻变化曲线。在保温阶段，绝缘电阻持续增加，可能原因是保温阶段，绝缘层薄膜内部结构缺陷所形成的导电通道逐渐被修复。

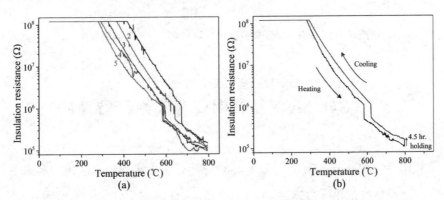

图 3 – 14　四层 $YSZ/Al_2O_3/YSZ/Al_2O_3$ 绝缘层的绝缘电阻随温度变化关系

(a) 升温阶段　(b) 第五次热循环

3.2.4.2　四层复合绝缘层对薄膜应变计稳定性影响

在 DZ22 镍基高温合金为基底所制备的四层 $YSZ/Al_2O_3/YSZ/Al_2O_3$ 绝缘层表面采用金属掩膜版方法制备出具有如图 3 – 15 右下角所示的 PdCr 应变敏感

层，最后在采用直流反应溅射方法制备一层厚度约为 1.5 μm 的 Al_2O_3 薄膜作为防护层，提高 PdCr 薄膜的高温抗氧化性。并在 400 ℃、600 ℃和 800 ℃进行漂移性测试，结果如图 3 - 15 所示。在升温阶段，PdCr 薄膜应变计的电阻随温度升高而逐渐增加，而且不同目标温度的升温曲线基本上重合在一起。此外，在不同温度的保温阶段，PdCr 薄膜应变计的电阻随保温时间的增加不变。而且在整个测试阶段，PdCr 薄膜应变计的电阻没有出现突然减小现象，表明四层 $YSZ/Al_2O_3/YSZ/Al_2O_3$ 绝缘层结构具有较好的电绝缘特性。因此，可以满足 PdCr 薄膜应变计在 800 ℃之前的绝缘性需求[109]。

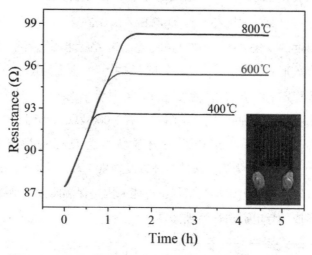

图 3 - 15　PdCr 薄膜应变计在不同温度下的电阻漂移测试

3.3　TGO/MgO 复合陶瓷薄膜绝缘特性研究

氧化镁(magnesium oxide，MgO)是一种具有氯化钠型立方结构的高离子绝缘晶体陶瓷材料，在压力达到 227 GPa 也没有任何结构转变[110]。而且，MgO 具有较高的熔点(2852 ℃)，常被用作耐火材料[111-113]。此外，MgO 具有较好的耐腐蚀性、化学稳定性以及在高温环境中具有较好结构的稳定性，使得 MgO 被用于高温压力传感器[114]、高温介电陶瓷材料[115]、高温蓄热材料[116]、耐腐材料等。而 MgO 较高的离子绝缘性特性使 MgO 具有较低的电导率。因此，MgO 也具有被用作高温绝缘层的潜力。而且 MgO 热膨胀系数约为 13.8 ppm/℃[117]，与镍基高温合金的热膨胀系数(15.5 ppm/℃)相近,有助于减小因热失配产生的内应力,提高多层薄膜传感器的附着性。本小节中,采用电子束蒸发方法制备 MgO 薄膜,并探究不同工艺参数的绝缘性及其绝缘机理。

3.3.1 MgO 陶瓷薄膜的制备

以 GH3536 镍基高温合金(60 mm × 30 mm × 3 mm)为基底,在机械抛光无明显划痕后,依次采用专用去污剂、丙酮、酒精、去离子水超声清洗 15 min,并用氮气吹干。首先在基底表面制备一层厚度约为 16 μm 的 NiCrAlY 层,并采用第 3.1 节的析铝氧化工艺,形成具有致密解耦股的 TGO 层。随后在 TGO 层表面采用电子束蒸发方法制备 MgO 陶瓷薄膜,构成 TGO/MgO 双层绝缘层。MgO 陶瓷薄膜采用纯度为 99.99%、直径为 3 ~ 5 mm 的高纯片状 MgO 为蒸发源。在开始蒸发之前,腔体内本底真空优于 2×10^{-5} Pa 后,采用灯丝加热方式对基底进行加。随后,待工作气压优于 5×10^{-4} Pa 后,以 0.5 nm/s 的蒸发速率制备 MgO 陶瓷薄膜,总厚度控制为 3 μm。蒸发速率和厚度均通过石英晶体振荡器控制(QCOs),并通过台阶仪进行校准。而不同基底温度对电子束蒸发制备的陶瓷薄膜的结构及性能具有较为明显的影响。因此,本小节主要探究在基底温度分别为 25 ℃、200 ℃ 和 300 ℃ 制备的 MgO 陶瓷薄膜作为绝缘层的绝缘特性。不同基底温度制备的 MgO 薄膜的制备工艺参数见表 3 − 9 所列。

表 3 − 9 MgO 陶瓷薄膜的制备工艺参数

影响因素	沉积条件
本底真空/Pa	2×10^{-5}
蒸发速率/(nm/s)	0.5
预蒸发时间/min	2
总厚度/μm	3
基底温度/℃	25、200、300

3.3.2 基底温度对 MgO 陶瓷薄膜微观结构的影响

不同基底温度制备的 MgO 陶瓷薄膜的 SEM 形貌图如图 3 − 16 所示。可以观察到，基底温度对 MgO 薄膜的表面形貌有明显的影响。特别是在基底温度为 25 ℃时制备的 MgO 薄膜表面呈现鳞片状堆叠结构，如图 3 – 16(a)所示。但是随着基底温度的增加，鳞片状堆叠结构逐渐相互融合形成均匀致密的结构（如图 3 – 16(b)和图 3 – 16(c)所示）。其主要原因是，随着基底温度的增加，附着在基底上的 MgO 原子可以获取更多的能量进而提高 MgO 薄膜的致密度[118]。较高的致密度将有利于 MgO 陶瓷薄膜阻断因缺陷形成的导电通道，提高其电绝缘性能。

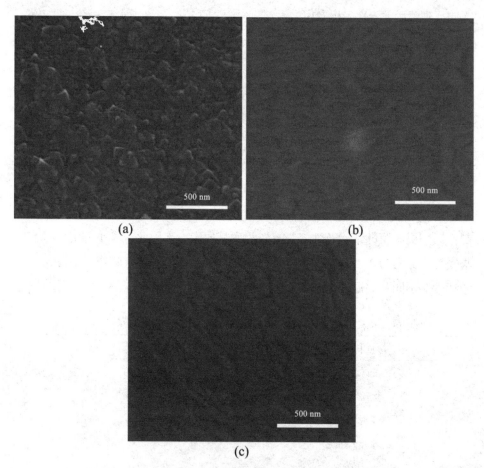

图 3 – 16　不同基底温度制备的 MgO 陶瓷薄膜的 SEM 形貌图

(a) 25 ℃　(b) 200 ℃　(c) 300 ℃

而不同基底温度制备的 MgO 薄膜的 XRD 图谱如图 3 – 17(a)所示。在三个样品中均探测出 NiCrAlY 在经过高温(＞1 000 ℃)氧化所形成的 γ – Ni、γ′ – Ni_3Al 和 α – Al_2O_3 特征峰[74,81,92]。此外，与 PDF #45 – 0946 标准卡片比

对[119,120]，不同基底温度制备的 MgO 薄膜均为立方晶体的多晶结构，呈现为 (111)、(200)、(200)和(222)四个晶向，并分别位于 2θ = 36.86°、42.93°、62.24°和78.50°。而且，随着基底温度的增加，MgO 薄膜表现出[111]晶向[包括(111)和(222)晶向]择优生长趋势。这表面基体温度对氧化镁陶瓷的择优生长方向有很大的影响。而 MgO 薄膜不同相的体积百分比可以通过公式 (3-3)进行评估[121]：

$$V_n\% = \frac{I_n}{I_1 + I_2 + I_3} \cdot 100\% \ (n = 1,2 \ and \ 3) \tag{3-3}$$

式中：V_n 为不同相的体积百分比；I_1、I_2 和 I_3 分别为不同基底温度下制备的 MgO 薄膜[111]、[200]和[220]晶向的 XRD 峰强。不同晶向的体积百分比随基底温度变化趋势如图 3-17(b)所示。随着基底温度由 25 ℃增加到 200 ℃时，[220]晶向基本上维持不变，[200]晶向明显减小，而[111]晶向则明显增强。但是，基底温度由 200 ℃增加到 300 ℃时，MgO 薄膜的晶体结构没有发生特别的明显，其变化趋势与 SEM 结果相一致。

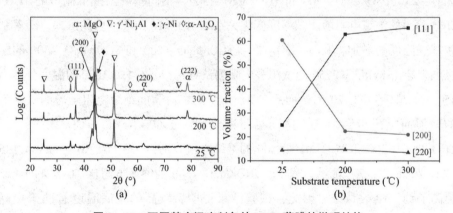

图 3-17　不同基底温度制备的 MgO 薄膜的微观结构

(a) XRD 图谱　(b) 不同晶向的体积百分比

3.3.3　基底温度对 TGO/MgO 陶瓷薄膜绝缘特性的影响

在不同基底温度制备的 MgO 陶瓷绝缘层薄膜表面制备厚度约为 2 μm 的 PdCr 薄膜焊接盘，构成如图 3-6 所示结构。因为高温导电银浆中导电主体 Ag 的熔点只有 961.8 ℃。为了验证 MgO 陶瓷绝缘层从 25~1 000 ℃的电绝缘特性，采用可印刷高温铂导电浆料进行连接。并在 1 000 ℃烧结 30 min 后将导线通过高温铂导电浆料烧结固化连接在 PdCr 薄膜焊接盘上。

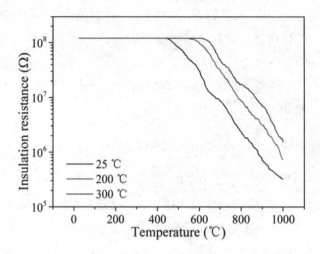

图 3 - 18　不同基底温度下制备的 TGO/MgO 薄膜的绝缘电阻随测试温度变化关系

采用基底温度为 25 ℃、200 ℃ 和 300 ℃ 制备的测试样品分别标记为 TGO/MgO - 25、TGO/MgO - 200 和 TGO/MgO - 300。不同基底温度下制备的 TGO/MgO 薄膜的绝缘电阻随测试温度变化关系如图 3 - 18 所示。由图可知，随着制备基底温度的增加，TGO/MgO - 25、TGO/MgO - 200 和 TGO/MgO - 300 的绝缘电阻超出 Keithley 2750 测试源表电阻测试量程($R_{in} < 120$ MΩ)的温度分别为 450 ℃、550 ℃ 和 620 ℃。而后 TGO/MgO 陶瓷薄膜的绝缘电阻随着测试温度的增加而呈现指数形式下降。在测试温度为 1 000 ℃ 时，TGO/MgO - 25、TGO/MgO - 200 和 TGO/MgO - 300 的绝缘电阻分别为 0.3 MΩ、0.7 MΩ 和 1.5 MΩ。另外，在整个测试过程中，TGO/MgO - 300 的绝缘电阻比 TGO/MgO - 25 提高了约一个数量级。因此，试验结果证明，较高的基底温度有助于提高 TGO/MgO 陶瓷薄膜的绝缘效果。主要归因于，较高的基底温度有助于 MgO 陶瓷薄膜形成更加致密的微观结构。

3.3.4　TGO/MgO 高温绝缘机理研究

室温环境中，我们采用 Agilent 4294A 阻抗分析仪对 TGO/MgO - 300 样品进行了 IV 测试，以评估 TGO/MgO - 300 薄膜在室温的绝缘电阻，评估结果如图 3 - 19 所示。在 0 ~ 1 V 和 0 ~ 3 V 扫描电压范围内，TGO/MgO - 300 样品的电流随着电压增加呈现线性增加趋势，根据其线性拟合曲线斜率的倒数计算得到，TGO/MgO－300 样品在 0～1 V 和 0～3 V 电压的绝缘电阻分别为 4.3 × $10^{10}\,\Omega$ 和 4.0 × $10^{10}\,\Omega$，表明 TGO/MgO－300 在室温具有优异的绝缘特性。

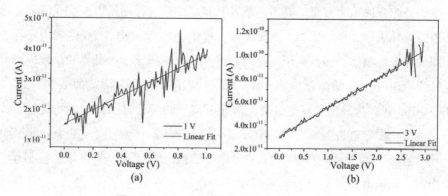

图 3－19　TGO/MgO－300 样品的 IV 特性

(a) 0－1 V　(b) 0－3 V

为了阐述退火对 TGO/MgO－300 薄膜的电导率和电绝缘特性的影响，我们在 TGO/MgO－300 样品进行了四次热循环退火处理，升温速率为 5 ℃/min，测试温度区间为 25～1 000 ℃，并且在 1 000 ℃ 保温 2 h。同时采用 Keithley 2636B 源表对 TGO/MgO－300 样品进行恒压漏电流测试，施加电压为 1 V。TGO/MgO－300 薄膜的绝缘电阻和电阻率可分别通过式（3－4）和（3－5）求得：

$$R_{in} = \frac{V}{I} \tag{3－4}$$

$$\sigma = \frac{1}{R_{in}} \cdot \frac{d}{S} = \frac{V}{I} \cdot \frac{d}{S} \tag{3－5}$$

式中：R_{in} 为 TGO/MgO－300 薄膜的绝缘电阻；V 为施加电压；I 为测得的漏电流；σ 为 MgO－300 薄膜的电导率；d 为 MgO－300 和 TGO 薄膜的总厚度（4 μm）；S 为 PdCr 焊接盘的面积（6 mm²）。此外，根据公式（3－5）及（3－6）[122,123]，通过描述电导率随温度指数变化程度的拟合类阿累尼乌斯函数（Arrhenius-like function）来拟合不同温度区间范围内的电导激活能：

$$\sigma = \sigma_0 \cdot e^{-\frac{E_A}{k_B ? T}} \tag{3－6}$$

式中：σ 为 TGO/MgO－300 薄膜的电导率；σ_0 为指数前项；E_A 为电导激活能，且在一定温度范围内为常数，可通过拟合类阿累尼乌斯函数的斜率求得。而且，较大的激活能表明对温度具有较强的依赖性；k_B 为玻耳兹曼常数（k_B = 1.38 × 10^{-23} J/K）；T 为开尔文温度。进而对 TGO/MgO－300 薄膜对温度的依赖性进行热力学分析。

图 3-20 展示的是四次热循环升温阶段，TGO/MgO-300 薄膜的类阿累尼乌斯函数曲线，及其电导率随1000/T 的变化关系。所有的类阿累尼乌斯函数曲线均分为三段：Ⅰ-Ⅲ。其激活能及其相应的温度区间见表3-10所列。激活能的差异表明，在一定整个测试温度范围内，TGO/MgO-300 薄膜内部存在不同的导电机制。而多晶离子导体总的导电率是由极化子、晶界和晶粒内部导电行为所决定。在低温环境中（第Ⅰ段），较小的电导激活能值表明，TGO/MgO-300 薄膜为极化子导电机制，为导电离子的转移提供最好的可能性。而且，由极化子导电机制所产生的电导激活能远小于晶体内部导电机制所形成的电导激活能[124-125]。随着温度的升高至中温阶段（第Ⅱ段），晶界导电机制起主导作用，导致电导激活能有明显的提高。而在更高温度（第Ⅲ段）时，传导机制转变为晶粒内部导电[123,126]。而退火后，在低温阶段（第Ⅰ段），TGO/MgO-300 的电导率随着退火次数的增加而逐渐减小（在 25 ℃的电导率由初始的 4.7×10⁻¹² S/m 减小至2.0×10⁻¹² S/m），主要是因为退火使 MgO-300 薄膜中的微孔等缺陷的修复。而退火后，薄膜中更有序的结构使极化子传导机制更容易被激发，导致低温阶段（第Ⅰ段）活性的增加。随后随着温度增高至高温阶段（第Ⅱ和Ⅲ段），TGO/MgO-300 的电导率随退火次数的增加而有所提高，这种现象主要因为退火后，晶粒的长大导致晶界的减少进而使晶界阻塞面积逐渐减小（"晶界阻塞效应"减弱），以及具有更好的均匀性导致的[127]。而更稳定的结构使电导率随温度具有较小的变化，因此，在中温和高温阶段（第Ⅱ和Ⅲ段），TGO/MgO-300 的电导激活能有所减小，表明在中温和高温阶段（第Ⅱ

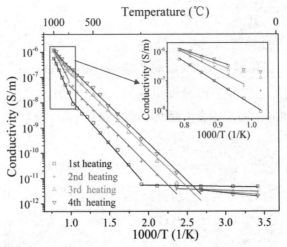

3-20 TGO/MgO-300 薄膜的类阿累尼乌斯函数曲线

和Ⅲ段)，TGO/MgO－300 的电导率对温度的依赖性逐渐减弱，直接证明了，退火后，TGO/MgO－300 在中温和高温阶段(第Ⅱ和Ⅲ段)具有更好的稳定性。而经过四次退火后，TGO/MgO－300 在 1 000 ℃的电导率也是小于 1.2×10^{-6} S/m，表明 TGO/MgO－300 在 1 000 ℃时具有较低的导电性。而 TGO/MgO 双层绝缘层具有较低的电导率，且高温环境中较低的电导激活能，即电导率随温度较低的依赖关系，使其在高温环境中依然具有较高的绝缘电阻。因此，TGO/MgO－300 在 25～1 000 ℃具有较好的绝缘效果。

表 3－10 四次热循环升温阶段 TGO/MgO－300 薄膜激活能及其对应温度区间

Heating cycle No.		1st	2nd	3rd	4th
Section Ⅰ	T/℃	25～250	25～150	25～100	25～100
	E_A/eV	0.011	0.022	0.043	0.068
Section Ⅱ	T/℃	250～700	150～750	100～800	100～800
	E_A/eV	0.698	0.619	0.591	0.587
Section Ⅲ	T/℃	700～1 000	750～1 000	800～100	800～1 000
	E_A/eV	1.455	1.211	0.915	0.769

而 TGO/MgO－300 的绝缘电阻可以通过式(3－4)计算得到，其随温度变化关系如图 3－21 所示。绝缘电阻随温度升高呈现指数减小趋势，而且在同一温度的绝缘电阻随着循环次数的增加而逐渐聚合。表明 TGO/MgO－300 绝缘电阻的稳定性可以通过退火来增强。在经过四次退火后，在 1 000 ℃的绝缘电

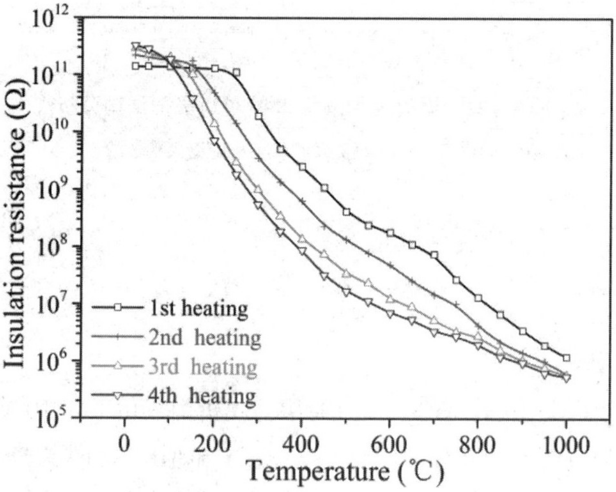

图 3－21 TGO/MgO－300 的绝缘电阻随温度变化关系

阻大于 0.55 MΩ，因此，TGO/MgO-300 在 1 000 ℃之前具有较好的电绝缘特性。根据绝缘电阻并联分流模型的等效电路(图 3-11)，假设应变计敏感栅电阻(R_g)为 120 Ω，TGO/MgO-300 的绝缘电阻(R_{in})为 0.55 MΩ，则依据公式(3-2)计算得到的应变计的视电阻(R_{AB})为 119.97 Ω。引起的相对误差约为0.03%。因此，TGO/MgO 陶瓷薄膜可以满足大部分薄膜传感器在高温的电绝缘需求，并将采用电子束蒸发制备 MgO 薄膜的基底温度确定为 300 ℃。

随后通过 XRD 进一步研究这些与晶粒尺寸对电导激活能影响相关的变化。图 3-22(a)给出的是 MgO-300(111)晶向随退火次数的变化关系，可知随着退火测试的增加，(111)峰强逐渐增强，表明氧化镁薄膜具有优先生长的特性。此外，(111)峰的半高宽(FWHM)如图 3-22(b)左 Y 轴所示，半高宽随退火次数增加先急剧减小，随后趋于稳定。根据谢乐公式(2-30)计算得到MgO 薄膜(111)晶向的粒径大小分别为 40.8 nm、59.1 nm、64.2 nm、66.2 nm和 67.3 nm[见图 3-22(b)右 Y 轴]。MgO-300 薄膜的粒径变化趋势与电导激活能中假设变化关系一致。

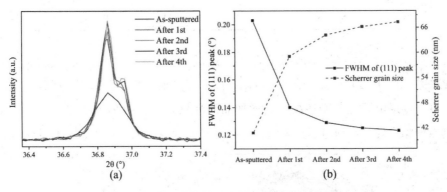

图 3-22 退火对 MgO-300(111)晶向结构分析

(a) XRD 图谱 (b) 半高宽及粒径大小随退火次数的变化关系

3.4 本章小结

本章中主要通过优化 NiCrAlY 过渡层薄膜析铝氧化工艺中的氧化时间，以提高 TGO 层的致密性，并分别采用 YSZ/Al$_2$O$_3$ 和 TGO/MgO 多层结构作为绝缘层提高薄膜应变计的高温绝缘特性，以确保薄膜应变计在整个温度区间内信号读取的稳定性和有效性，主要得到以下结论。

1. 采用直流磁控溅射制备的 NiCrAlY 薄膜在 1 050 ℃真空析铝 6 h 后，再分别氧化 3 h、6 h 和 12 h 后形成 TGO 层。由 SEM 形貌表征显示，随着氧化时间的增加，表面形成的 TGO 层逐渐致密化。但是，在氧化 12 h 后观察到，由于 NiCrAlY 薄膜氧化过度，表面出现脱落现象，而不能有很好的过渡作用。通过绝缘电阻对比表明，氧化 6 h 形成的 TGO 层的绝缘电阻比氧化 3 h 提高了一个数量级，而氧化 12 h 和氧化 6 h 所形成的 TGO 层相比，其绝缘电阻没有明显的提高。所以 NiCrAlY 薄膜最佳氧化时间为 6 h。而 TGO 层在 800 ℃的绝缘电阻仅 1.8 kΩ，不能满足薄膜应变计在高温环境的绝缘需求，因此需要在 TGO 层表面再制备一层绝缘层，以提高绝缘层的高温绝缘性。

2. 采用直流反应溅射制备 YSZ/Al_2O_3 多层绝缘层结构，制备的 YSZ 薄膜为倾斜柱状结构，Al_2O_3 薄膜则较为均匀致密。在控制厚度一致时，通过对比单层 Al_2O_3 薄膜、双层 YSZ/Al_2O_3 薄膜和四层 $YSZ/Al_2O_3/YSZ/Al_2O_3$ 薄膜三种不同结构绝缘层 SEM 形貌显示，YSZ 薄膜和 Al_2O_3 薄膜连接紧密，界面清晰，在界面处及膜层中没有明显的裂纹等缺陷，将有助于提高其绝缘性。绝缘性测试结果表明：而随着绝缘层界面的增加，四层结构 $YSZ/Al_2O_3/YSZ/Al_2O_3$ 的绝缘层绝缘电阻相比单层 Al_2O_3 绝缘层提高了两个数量级，在 800 ℃的电阻约为 200 kΩ。因此，多层结构绝缘层的界面有利于阻断单层薄膜中因缺陷等原因形成的导电通道，提高绝缘层的绝缘效果。

3. 通过绝缘电阻并联分流模型讨论得知，单层 Al_2O_3 薄膜、双层 YSZ/Al_2O_3 薄膜和四层 $YSZ/Al_2O_3/YSZ/Al_2O_3$ 薄膜三种不同结构绝缘层，随着绝缘层绝缘电阻的增加，由于绝缘电阻并联分流模型在 800 ℃导致的电阻相对误差由 7.5% 减小至 0.06%，由此引起的应变误差也由 37 037 $\mu\varepsilon$ 减小至 300 $\mu\varepsilon$。因此，多层结构绝缘层有利于减小电阻误差，提高测试结果的准确性。此外，以四层 $YSZ/Al_2O_3/YSZ/Al_2O_3$ 薄膜结构为绝缘层制备的 PdCr 薄膜应变计在 400 ℃、600 ℃和 800 ℃的电阻漂移测试中，PdCr 薄膜应变计的电阻在不同温度的升温阶段基本重合；在保温阶段，电阻随保温时间增加而不变。

4. 采用电子束蒸发方法，在不同基底温度下制备与镍基高温合金热膨胀系数较为接近的 MgO 陶瓷薄膜，并与 TGO 层构成 TGO/MgO 双层绝缘层。结果表明，随着基底温度的增加，MgO 薄膜逐渐致密化，并表现出［111］晶向择优生长趋势。在 25 ~ 1 000 ℃的绝缘测试结果显示，TGO/MgO − 300 在 1 000

℃的绝缘电阻约为1.5 MΩ，表明具有更优异的绝缘电阻。在25~1 000 ℃对TGO/MgO – 300样品进行漏电流测试，并通过热力学分析对其绝缘机理进行讨论得知，TGO/MgO – 300双层绝缘层在室温电导率较低，且电导率随温度具有较低的依赖关系，即具有较低的电导激活能，使其在高温环境中依然具有较高的绝缘电阻。经过四次退火后，TGO/MgO – 300在1 000 ℃的绝缘电阻为0.55 MΩ。通过绝缘电阻并联分流模型讨论得到，TGO/MgO – 300在1 000 ℃时的电阻相对误差约为0.03%[128]。

第四章　应变敏感层的图形化及其制备研究

电阻式应变计是根据应变敏感材料的电阻变化换算为应变。因此，应变敏感材料是应变计的核心部分，而电阻式应变计要求应变敏感材料具有良好的导电性，同时要求应变敏感材料的电阻具有较好的重复性和稳定性。通常，一个理想的应变敏感材料应该具有以下两点性质[26,129]。

1. 应变计的电阻变化主要是由于应变引起的。

引起应变计电阻变化的主要原因是应变，而其他引起应变计电阻变化的因素，例如温度、时间等，应该尽可能小以至于可以忽略不计，或者具有良好的重复性而被校正。

2. 应变计的电阻在整个测试温度范围内具有良好的重复性和稳定性。

应变敏感材料应具有较好的结构和化学稳定性、较好的抗氧化性、较低的电阻温度系数，同时敏感材料的电阻应有良好重复性和稳定性以确保应变测量的准确度和稳定性。应避免因相变、易氧化等因素引起的电阻变化。

本章中，首先讨论了应变敏感栅的结构及其图形化方案，随后采用KPS450型可调超高真空磁控溅射系统制备 PdCr 金属薄膜材料，并探究 PdCr 薄膜的制备工艺、厚度以及退火对其电学性能的影响。

4.1　应变敏感栅的结构

应变敏感层为薄膜应变计的核心部分，其电学特性直接影响整个薄膜应变计的应变敏感特性。应变计敏感栅可以根据电阻大小要求、几何尺寸需求设计不同的结构，应变敏感栅结构一般分为测量栅、侧栅、电极（横端）和焊接盘等四部分，结构示意图如图 4-1 所示。敏感栅的电阻是其各个部分电阻串联构成，即敏感栅电阻 R_g 为

$$R_g = R_1 + R_2 + R_3 \qquad (4-1)$$

式中：R_1 为敏感栅的测量栅电阻和侧栅电阻之和，R_2 和 R_3 分别为敏感栅的电极

电阻和焊接盘电阻。

应变敏感栅结构中的测量栅是感知应变变化最敏感部分，为了增加敏感栅的敏感性，要求栅宽较小，栅宽在几微米到几百微米之间。侧栅是连接栅宽较小的测量栅和焊接盘，为了避免因栅宽突变而产生应力集中，导致连接处断裂，要求侧栅的栅宽比测量栅的栅宽要宽。电极的作用是连接测量栅和侧栅，但是为了减小横向效应，电极电阻设计时应尽量小，以减小因横向效应引起的电阻变化。焊接盘的作用是连接侧栅，并将整个敏感栅的电阻信号引出到外接导线上。焊接盘一般为正方形结构，尺寸在毫米级。所以，焊接盘的电阻也较小。而采用毫米尺寸是为了预留引线焊接位置。因此，在敏感栅电阻构成中，测量栅和侧栅电阻之和约等于敏感栅电阻，即

$$R_1 \approx R_g \tag{4-2}$$

而在敏感栅的设计中，其电极电阻和焊接盘电阻也应尽可能的小，以保证敏感栅是的应变敏感特性。

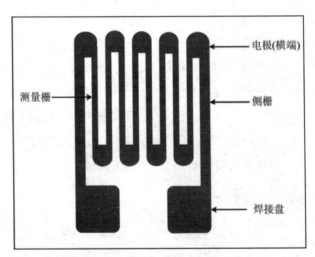

图 4-1　薄膜应变敏感栅结构示意图

4.2　应变敏感栅图形化技术

目前，敏感薄膜图形化方法主要有光刻和金属掩膜两种。光刻是光致反应复制图形和选择性化学腐蚀进行图形化的综合技术，具有分辨率高等优点。因此，光刻可以实现纳米级线宽的图形化。现在已经被广泛应用于集成电路和平

面晶体管等半导体工艺设计。为了提高图形化的精密度、避免阴影效应等对图形化的影响，光刻图形化要求基底一般为平面。而航空发动机的叶片一般为异性形状，同时为了避免光刻过程中引入有机物污染，避免影响应变计的高温性能。因此，本文中应变敏感栅的图形化主要是通过金属掩膜法来实现的。金属掩膜法是通过物理遮盖的方法实现图形化，即将具有所需图形的金属掩膜版遮盖在基底表面，掩膜版上有图形的地方被裸露出来。在薄膜沉积过程中，裸露的区域就有薄膜沉积在基底上，而没有图形的区域将被遮挡而沉积在掩膜版上，进而得到需要的图形。而金属掩膜图形化是物理方法，因此不会引入化学污染。

金属掩膜一般采用的是 SUS 304 不锈钢材料，这种不锈钢在室温及高温下均有较高的塑性、韧性和耐腐蚀。在高温时无相变、不易形变，而且具有较好的恢复性，因此适用于曲面图形。掩膜版的厚度可根据需求选择不同厚度，常用 100 μm 和 50 μm。为了保证敏感栅和基底具有良好的接触，应变薄膜用掩膜版分为敏感栅和电极两部分，其实物图如图 4-2 所示。敏感栅和电极的尺寸可根据需求设计，同时应避免自由端的出现，以免影响图形化精度。因此，金属掩膜需分两次沉积过程，即经过第一次单独沉积应变敏感栅，再通过第二次沉积的电极，将敏感栅连接在一起共同实现应变计图形化。

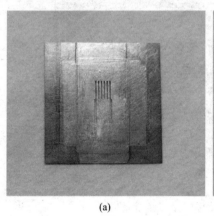　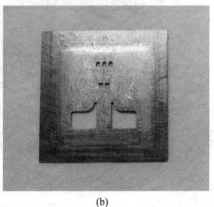

图 4-2　金属掩膜版实物图

(a) 敏感栅　(b) 电极

随后在凹面和凸面对金属掩膜版图形化方法分别进行验证，如图 4-3 所示。在凹面图形化后的实物图如图 4-3(a)所示，在凸面图形化后的实物图如图 4-3(c)所示。从局部放大图 4-3(b)和图 4-3(d)可以看出，在曲面图形化后，应变计敏感栅的图形清晰可见，应变敏感栅的测量栅和侧栅粗细一致，电极及焊接盘部分弧度圆润光滑，而且电极与敏感栅都具有良好的连接。图形周边因为没有掩膜版与基底贴合不好而引起的线条不均匀，以及由于"阴影效应"导致的模糊不清。验证结果表明：金属掩膜可以满足在曲面等异形面的图形化需求。

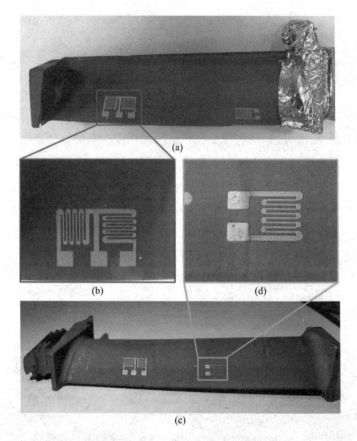

图 4-3 金属掩膜图形化实物图

(a)、(b) 凹面 (c)、(d) 凸面

4.3 PdCr 应变敏感薄膜制备

金属固溶体材料 PdCr 具有较高的熔点(1 300 ℃)，在室温到 1 000 ℃ 范围内具有优异的热稳定性、化学稳定性、无相变。PdCr 的电阻随温度呈线性关系，具有较好的重复性且不随升降温速率变化而变化[130,131]。而且高温环境

中，自身氧化形成的 Cr_2O_3、PdO 等氧化物结构较为致密，可以抑制 PdCr 进一步氧化，而具有自我保护作用[30]。在 1985 年，美国 NASA 将 PdCr 确定为应变敏感材料的最优候选材料之一[29]。本小节主要内容为探究 PdCr 薄膜的制备工艺，并研究厚度、退火对 PdCr 薄膜电学性能的影响。

4.3.1　PdCr 薄膜沉积工艺

磁控溅射的溅射功率是影响沉积薄膜质量的最直接因素，溅射气压为 0.4 Pa，溅射温度为 25 ℃时，PdCr 薄膜的电阻率和沉积速率随溅射功率变化关系如图 4-4(a)所示。由图可知，随着溅射功率的增加，PdCr 薄膜的电阻率先减小后增加，在溅射功率为 80 W 电阻率最小，约为 99.2 $\mu\Omega \cdot cm$；而沉积速率则随着溅射功率的增加而增加。由磁控溅射镀膜原理分析可知，随着溅射功率的增加，被溅射出的靶材原子增多，导致薄膜沉积速率增加；溅射出的原子也随着功率的增加而获得更多的能量，其临界形核半径和自由能降低，使薄膜粒径细化，有助于减小薄膜内部缺陷，提高成膜质量。但是，随着溅射功率的继续增加，薄膜沉积速率过快，导致部分原子尚未来得及扩散、形成致密化就被新附着的原子所覆盖进而使薄膜中缺陷增加，使得薄膜电阻率增加。因此，优化的溅射功率为 80 W。

溅射功率为 80 W，溅射温度为 25 ℃时，PdCr 薄膜的电阻率和沉积速率随溅射功率变化关系如图 4-4(b)所示。由图可知，随着溅射气压的增加，PdCr 薄膜的电阻率和沉积速率呈现先减小后增加趋势。由磁控溅射镀膜原理分析可知，随着溅射气压的增加，轰击靶材的气体离子增多，溅射原子获得的能量也较大，有助于溅射原子在基底表面迁移，提高薄膜致密度，使得薄膜的电阻率和沉积速率略有降低。但是，随着溅射气压的继续增加，使得薄膜的具有过快的沉积速率而使薄膜内部缺陷增多，导致电阻率增加。因此，优化的沉积气压为 0.4 Pa。

溅射气压为 0.4 Pa，溅射功率为 80 W 时，PdCr 薄膜的电阻率和沉积速率随溅射功率变化关系如图 4-4(c)所示。由图可知，随着基底温度的增加，PdCr 薄膜的电阻率和沉积速率呈现先减小后增加趋势。由磁控溅射镀膜原理分析和无序跳动理论可知，随着基底温度的增加，促进沉积在基底表面原子的迁移系数逐渐增大有助于提高薄膜的致密度，进而使得电阻率和沉积速率有所减小。但是，基底温度过高，使得原子扩散横向运动过度而是薄膜晶粒粗化和缺陷增加，进而导致电阻率和沉积速率的增加。因此，优化的基底温度为 400 ℃。

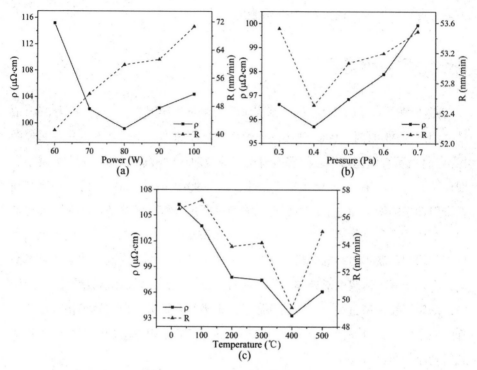

图 4 – 4　沉积参数对 PdCr 薄膜电阻率和沉积速率的影响

（a）沉积功率　（b）沉积气压　（c）基底温度

4.3.2　厚度对 PdCr 应变薄膜电学性能的影响

金属薄膜的方阻（R_{sq}）、电阻率（ρ）、电阻温度系数（TCR）等电学参数在一定范围内对薄膜的厚度具有较高的依赖性[132,133]。因此需要系统性探究厚度对 PdCr 薄膜电学性能的影响。为排除绝缘层电绝缘性对测试结果的影响，采用蓝宝石基底，使用以上优化工艺参数制备 PdCr 应变薄膜，并通过溅射时间控制 PdCr 应变薄膜的厚度。预溅射时间为 5 min 以清洁 PdCr 靶材表面，去除杂质影响，具体制备工艺参数见表 4 – 1 所列，以探究 PdCr 应变薄膜的 R_{sq}、ρ、TCR 等电学性能对 PdCr 薄膜厚度的依赖关系，以提高 PdCr 应变薄膜的稳定性和重复性。

表 4 − 1 不同厚度 PdCr 应变薄膜制备工艺参数

影响因素	沉积条件
PdCr 靶材/wt. %	87 Pd − 13 Cr
靶基距/mm	70
本底真空/Pa	8.0×10^{-4}
基底温度/℃	400
Ar/sccm	35
溅射气压/Pa	0.4
溅射功率/W	80
预溅射时间/min	5
溅射时间/min	1、2、3、5、10、20

4.3.2.1 PdCr 应变薄膜厚度随溅射沉积时间关系

PdCr 薄膜厚度随溅射沉积时间关系如图 4 − 5 所示，薄膜厚度随沉积时间增加趋势与线性拟合曲线重合，说明薄膜厚度随沉积时间呈现线性增加关系。同时，表明该工艺条件下，PdCr 薄膜沉积速率较为稳定，有利于 PdCr 薄膜形成均匀且致密的结构。沉积时间为 1 min、2 min、3 min、5 min、10 min 和 20 min 时，PdCr 薄膜的厚度分别约为 48 nm、90 nm、126 nm、232 nm、434 nm 和 933 nm(分别标记为 PdCr − 48、PdCr − 90、PdCr − 126、PdCr − 232、PdCr − 434 和 PdCr − 933)，其平均沉积速率约为 47 nm/min。

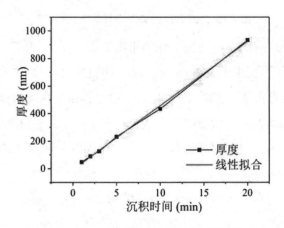

图 4 − 5 PdCr 薄膜厚度随溅射沉积时间关系

4.3.2.2 厚度对 PdCr 薄膜微观结构的影响

厚度对 PdCr 薄膜微观结构的影响如图 4-6 的 XRD 图谱所示。在与基底峰校准后，和标准的 PDF 卡片相对比，主要探测到 Pd 的(111)、(200)和(220)三个衍射峰，并未探测到 Cr 的衍射峰，可能是 Cr 元素进入了 Pd 的晶格中。而且相比于 Pd 的标准卡片 PDF#87 – 0645[134-135]，空间结构为 Fm – 3m，PdCr 薄膜中的主峰 Pd(111) 向小角度偏移了 0.032°。根据布拉格衍射定律得知，Pd 晶格略有膨胀。其主要是因为小半径的 Cr 元素(原子半径为 128 pm)进去了小半径 Pd(原子半径 137 pm)晶格间隙，导致 Pd 晶格略有膨胀。对比不同厚度 PdCr 薄膜的 XRD 显示主峰(111)随着厚度的增加逐渐增强，而(200)和(220)随着膜厚的增加而逐渐出现并加强。

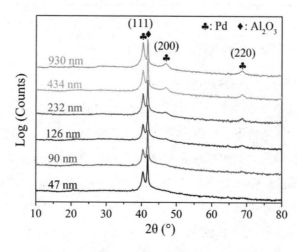

图 4-6　不同厚度 PdCr 薄膜的 XRD 图谱

不同厚度 PdCr 薄膜(111)衍射峰的半高宽如表 4-2 和图 4-7 左 Y 轴所示，在 PdCr 薄膜厚度小于 232 nm 时，PdCr 薄膜的(111)的半高宽随厚度增加急剧减小，而在厚度大于 232 nm 后趋向于稳定，而半高宽的减小表明薄膜内部具有更好的结晶度。而根据谢乐公式(2-30)计算出不同厚度的 PdCr 薄膜的谢乐半径如表 4-2 和图 4-7 右 Y 轴所示。PdCr – 48 和 PdCr – 930 的半径分别为 18.5 和 33 nm。PdCr – 930 谢乐半径约为 PdCr – 48 的两倍，主要是因为晶粒半径随着沉积时间的增加而长大和融合。

不同厚度的 PdCr 薄膜的组成成分通过 EDS 进行分析。其成分随厚度的变化关系如图 4-8 所示。由图可知，在预溅射 5 min 后，PdCr 薄膜中 Pd 和 Cr

表 4 – 2　不同厚度 PdCr 薄膜(111)衍射峰的半高宽及晶粒尺寸

样品编号	厚度/μm	半高宽/°	晶粒尺寸/nm
PdCr – 48	48	0.452	18.5
PdCr – 90	90	0.445	18.8
PdCr – 126	126	0.395	21.2
PdCr – 232	232	0.273	30.7
PdCr – 434	434	0.259	32.3
PdCr – 933	933	0.253	33.1

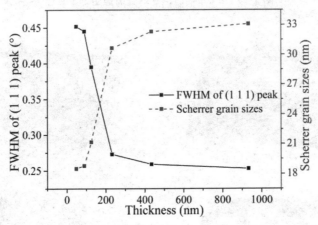

图 4 – 7　不同厚度 PdCr 薄膜(111)衍射峰的半高宽及晶粒尺寸

的含量随厚度也略有差异。薄膜厚度薄于 126 nm 时,薄膜中 Pd 的含量随厚度增加急剧减小,但是随后随厚度增加逐渐趋于稳定。薄膜成分含量随厚度增加而变化的现象在多元薄膜中较为常见[136-137]。而造成这种现象的原因还不是特别的清楚。但由 XRD 图谱(见图 4 – 6)分析可能原因是随着厚度的增加,PdCr 薄膜的晶粒增长和重结晶促使 Cr 元素向 PdCr 薄膜表面偏析,导致 Cr 元素含量随厚度增加而增加。另外,PdCr 薄膜表面富含的 Cr 将有助于 PdCr 薄膜在高温环境中形成致密的 Cr_2O_3 自防护层,提高 PdCr 薄膜的高温抗氧化性。

　　PdCr 薄膜表面 AFM 形貌随厚度的变化关系如图 4 – 9 所示。由图可知,不同厚度 PdCr 薄膜均是致密、无缺陷的。另外,PdCr 薄膜的粗糙度随厚度的增加逐渐由 1.25 nm(厚度为 48 nm)减小到 0.54 nm(厚度为 933 nm)。说明,随厚度的增加,PdCr 薄膜逐渐趋于光滑,有助于减小薄膜表面电阻散射,提高稳定性。

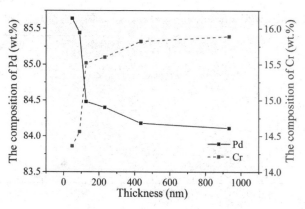

图 4 – 8　PdCr 薄膜的成分随厚度的变化关系

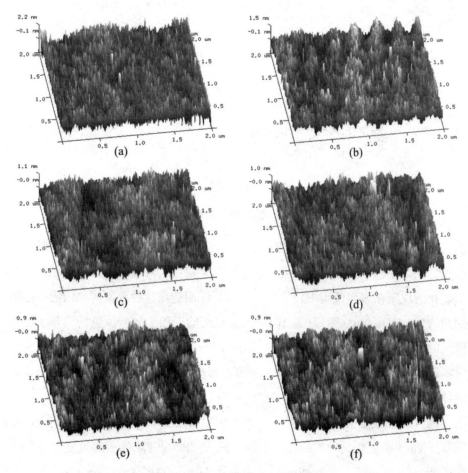

图 4 – 9　PdCr 薄膜 AFM 形貌图

(a) 48 nm　(b) 90 nm　(c) 126 nm　(d) 232 nm　(e) 434 nm　(f) 933 nm

4.3.2.3 厚度对 PdCr 薄膜电学性能的影响

PdCr 薄膜方阻 (R_{sq}) 和电阻率 (ρ) 随厚度的变化关系如图 4 – 10 所示。由图可知，PdCr 薄膜方阻和电阻率随厚度呈现指数减小趋势。其主要原因是，PdCr 薄膜随着厚度增加，PdCr 薄膜的晶界随着晶粒逐渐增大而逐渐减少。有马蒂森法则 (Matthiessen's rule) 可知，较少的晶界有助于减少电子传输过程中的晶界散射，进而引起薄膜方阻和电导率的降低。这种现象在薄膜中较为常见[138-140]。而 PdCr – 933 薄膜的电阻率约为 84 $\mu\Omega$ cm，略大于文献中已报道的 PdCr 合金的电导率 (73 $\mu\Omega$ cm)[29]，可能是由于 PdCr 薄膜中的缺陷引起的。

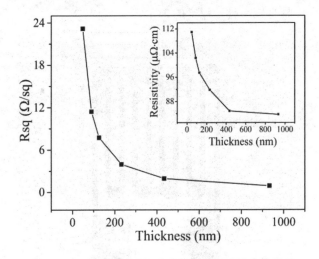

图 4 – 10 PdCr 薄膜方阻和电阻率随厚度的变化关系

PdCr 应变薄膜的热循环重复性是 PdCr 薄膜应变计的一个重要参数。可以采用电阻温度系数 (TCR) 及其误差作为评判依据。在蓝宝石基底上通过金属掩膜制备厚度分别为 48 nm、90 nm、126 nm、232 nm、434 nm 和 933 nm 的 PdCr 薄膜应变计。应变计图形化尺寸如图 4 – 11 所示，栅宽为 200 μm，栅长为 6 mm，栅间距为 300 μm。最后在 PdCr 应变薄膜表面采用电子束蒸发方式制备一层厚度为 3 μm 的 Al_2O_3 防护层。采直径为 100 μm 的 Pt 丝作为引线，并通过高温银导电浆料将 Pt 丝烧结在应变计焊接盘上。

根据薄膜应变计选材依据，PdCr 应变薄膜的 TCR 应该尽可能的小，以减少温度对应变测量的影响，同时 TCR 的误差也应尽可能的小以提高 PdCr 薄膜应变计的重复性。对不同厚度的 PdCr 薄膜应变计进行了八次从室温到 800 ℃热循环，其 TCR 通过连续测量不同温度下薄膜应变计的电阻，然后根据电阻温度系数计算公式(2-19)得到。图4-12右上角的插图显示了PdCr薄膜应变计电阻随温度变化的典型实例。可以看出PdCr薄膜应变计的电阻随温度升高呈现线性增加。因此，PdCr薄膜应变计的TCR可以直接由电阻相对变化随温度变化曲线的斜率提取，得到的厚度PdCr薄膜应变计的TCR如图4-12所示。表明PdCr薄膜应变计的TCR对PdCr薄膜的厚度具有较强的依赖性。PdCr-48 nm的薄膜应变计具有最大的TCR，约为1442.2 ppm/℃，误差为±147.3 ppm/℃。而且随着PdCr薄膜厚度的增加，TCR急剧减小后趋于稳定。PdCr-933薄膜应变计的TCR最小，约为147.8 ppm/℃，且误差仅为±1.36 ppm/℃。略大于PdCr合金的TCR(128 ppm/℃[29])。以上数据表明，较厚的PdCr薄膜应变计具有较小且较稳定的TCR。

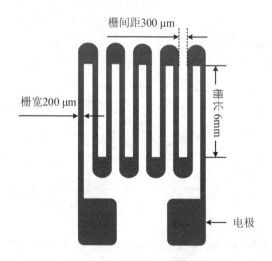

栅间距300 μm

栅宽200 μm

栅长6mm

电极

图4-11　PdCr薄膜应变计图形化尺寸

高温稳定性是薄膜应变计的另一个重要参数，可通过高温电阻漂移测试，并通过电阻漂移率进行评定。厚度为98 nm和933 nm的PdCr薄膜应变计分别在600 ℃和800 ℃保温5小时进行了电阻漂移测试。在600 ℃测试结果如图4-13(a)所示。在保温阶段，PdCr-48薄膜应变计的电阻随保温时间增加呈线性增大，但是PdCr-933的薄膜应变计电阻则呈现减小趋势。在保温的5小时内，PdCr-48应变计电阻增加了89.14 Ω，而PdCr-933的电阻则减小了0.17 Ω。通过电阻漂移率公式(2-19)计算得到，PdCr-48薄膜应变计的平均电阻漂移率为1.70 %/h，PdCr-933的平均电阻漂移率为-0.15 %/h。PdCr-48电阻增加的原因可能是高温导致PdCr薄膜表面形成疏松的Cr_2O_3自防护层，PdCr-933电阻减小则可能是薄膜内部缺陷的修复。待测试温度回降

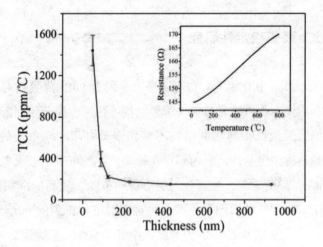

图 4 – 12　PdCr 薄膜应变计 TCR 随厚度的变化关系

室温后进行 800 ℃的电阻漂移测试，测试结果如图 4 – 13(b)所示。在 800 ℃
保温阶段，PdCr – 48 和 PdCr – 933 薄膜应变计的电阻随保温时间增加均呈现
减小趋势，减小的电阻分别为 149. 36 Ω 和 0. 39 Ω。计算得到的平均电阻漂移
率分别为 – 2. 80 %/h 和 – 0. 32 %/h。PdCr – 48 薄膜应变计的电阻漂移率由负
值变为正值可能原因是，表面疏松的 Cr_2O_3 自防护层逐渐致密化以及薄膜内部
缺陷的修复导致的。另外，对比不同温度下，PdCr – 48 和 PdCr – 933 薄膜应
变计的平均电阻漂移率显示，PdCr – 48 的平均电阻漂移率约为 PdCr – 933 的
十倍。对比结果表明，较厚的薄膜均有更小的电阻漂移率，说明较厚的薄膜在
高温环境中具有更好的稳定性。因此，为了提高 PdCr 薄膜应变计的高温重复
性和稳定性，PdCr 应变薄膜的厚度均控制在大于 900 nm。

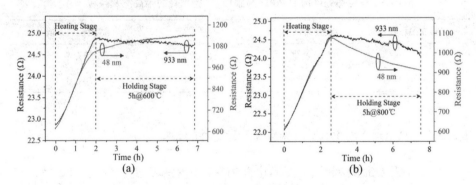

图 4 – 13　48 nm 和 933 nm PdCr 薄膜应变计电阻在加热和保温过程随时间变化关系

(a) 600 ℃　　(b) 800 ℃

4.3.3　PdCr 薄膜稳定性研究

　　PdCr 薄膜沉积在氧化铝等陶瓷绝缘层上，因为 PdCr 薄膜相对于衬底之间为异质材料，因此存在点阵常数的失配等结构不匹配，使薄膜在沉积过程中形成位错等缺陷，导致沉积薄膜的结构不够稳定，内部存在一定的内应力[66]。而在薄膜沉积过程中也易使薄膜内部存在缺陷。一般可采用退火老化方法，修复沉积的 PdCr 薄膜的缺陷，使部分内应力得到消除，从而使沉积得到的 PdCr 薄膜趋于稳定，减少其电阻漂移。因此，对溅射沉积得到的 PdCr 薄膜在本底真空优于 $8×10^{-4}$ Pa 以 5 ℃/min 的升温速率升至 800 ℃后保温 2 h，并探究真空退火对 PdCr 薄膜微观晶体结构及稳定性的影响，并分别标记为 PdCr – V 和 PdCr – A。PdCr 薄膜制备工艺见表 4 – 1 所列。

4.3.3.1　真空退火对 PdCr 薄膜微观结构的影响

　　退火前后的 PdCr 薄膜的 XRD 图谱如图 4 – 14 所示。经过真空 800 ℃退火 2 h 后，PdCr 薄膜的(111)、(200)和(220)三个峰向均有了明显的增强，表明真空退火后，PdCr 薄膜有更好的结晶度，更好的结晶取向性。根据谢乐公式(2 – 30)，计算得到退火后，PdCr 薄膜的晶粒由 33.1 nm 增长到 41.0 nm，见表 4 – 3 所列。晶粒的增大有助于提高 PdCr 薄膜致密度、减少薄膜内部缺陷。因此，真空退火有助于 PdCr 薄膜内部应力释放。

表 4 – 3　真空热处理前后 PdCr 薄膜(111)衍射峰的半高宽及晶粒尺寸

样品编号	热处理方法	半高宽/°	晶粒尺寸/nm
PdCr – A	未处理	0.253	33.1
PdCr – V	真空处理	0.204	41.0

4.3.3.2　真空退火对 PdCr 薄膜应变计稳定性的影响

　　采用 4.3.2.3 节中相同的图形化方法在氧化铝基底上制备成 PdCr 薄膜应变计，采用真空退火方处理，然后在 800 ℃保温 5 h 进行电阻漂移测试，并与未退火样品作对比，其电阻漂移特性测试结果如图 4 – 15 所示。在 800 ℃保温阶段，PdCr – V 和 PdCr – A 的电阻均随着保温时间的增加而线性减小。根据电

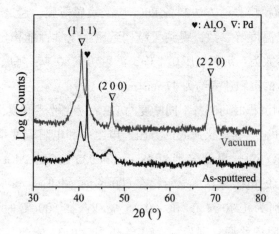

图 4 – 14　退火前后 PdCr 薄膜 XRD 图谱

阻漂移率计算公式(2 – 19)计算得到 PdCr – V 和 PdCr – A 的平均电阻漂移率分别为 – 0. 065 %/h 和 – 0. 126 %/h。退火后的 PdCr 薄膜应变计的平均电阻漂移率减小为未退火的一半。因此，真空退火有助于提高 PdCr 薄膜致密度、减小内部缺陷，进而提高 PdCr 薄膜应变计的高温稳定性。

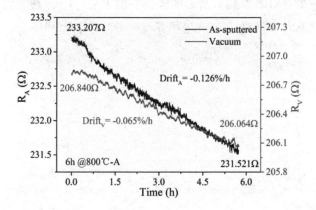

图 4 – 15　退火前后 PdCr 薄膜应变计电阻漂移特性

4.4　本 章 小 结

应变敏感材料是薄膜应变计的核心，本章采用直流磁控溅射方法制备 Pd-Cr 薄膜应变敏感薄膜，优化其制备参数，并系统地研究了 PdCr 薄膜的厚度及退火处理对其电学性能的影响。主要得到如下结论。

1. 采用直流反应溅射方法制备 PdCr 应变敏感薄膜，通过优化溅射气压、溅射功率、基底温度等参数，得到了结构致密、电学性能稳定的 PdCr 薄膜。优化后的工艺参数为：沉积气压 0.4 Pa，溅射功率 80 W，基底温度为 400 ℃。计算得到优化后的沉积速率约为 47 nm/min。

2. 通过控制沉积时间制备不同厚度的 PdCr 应变敏感薄膜，其电学性能测试结果显示，PdCr 应变敏感薄膜的方阻、电阻率和电阻温度系数随厚度的增加逐渐趋于稳定。对比厚度分别为 48 nm 和 933 nm 的 PdCr 薄膜应变计在 600 ℃ 和 800 ℃ 的电阻漂移率显示，在 600 ℃ 时，PdCr–48 和 PdCr–933 的电阻漂移率分别为 1.70 %/h 和 –0.15 %/h；在 800 ℃ 时，PdCr–48 和 PdCr–933 的电阻漂移率分别为 –2.80 %/h 和 –0.32 %/h，表明 PdCr–933 薄膜应变计在不同温度具有更小的电阻漂移率。

3. 为了进一步提高 PdCr 应变敏感薄膜的高温稳定性、减少其电阻漂移率，对厚度为 933 nm 的 PdCr 薄膜采用 800 ℃ 真空退火 2 h 处理。测试结果显示，PdCr 薄膜在 800 ℃ 的平均电阻漂移率由原来的 –0.126 %/h 减小至 –0.065 %/h，约为原来的一半。XRD 结构分析表明，真空退火后，PdCr 薄膜具有更好的结晶度，进而使 PdCr 薄膜在高温环境中具有更好的稳定性[141]。

第五章　薄膜应变计高温防护层研究

应变敏感材料在高温环境中一般具有较差的抗氧化性，为了提高其高温抗氧化性，需要在敏感层表面制备一层防护层，进而提高薄膜应变计的高温工作性能。Al_2O_3等陶瓷薄膜因具有较低的氧扩散率[90]，常被用作薄膜传感器的防护层以提高薄膜传感器的高温抗氧化能力。但是，陶瓷材料在制备过程中的缺陷就成为了空气中或者测试环境中氧离子的渗透通道。在高温环境中，随着氧的渗透，势必导致敏感层材料的氧化，引起敏感栅电阻的变化，进而影响测试信号的精确度。

为了进一步提高 Al_2O_3 陶瓷薄膜的高温抗氧化性，有研究人员提出采用陶瓷/金属薄膜的双层结构防护层，例如 Al_2O_3/Al 防护层[142-143]或者 Al_2O_3/Ti 防护层[144]。陶瓷/金属薄膜防护层提高抗氧化的原理是，以金属作为牺牲层。即通过原位热氧化方法，使金属薄膜热氧化生成氧化层并与表层的 Al_2O_3 薄膜构成异质防护层，以提高防护层的抗氧化性，或者将金属薄膜层作为牺牲层优先与氧离子结合，抑制被防护金属材料的氧化。陶瓷/金属薄膜的双层结构防护层在金属材料的抗氧化性方面得到了成功应用[145-147]。但是陶瓷/金属薄膜的双层结构防护层在薄膜传感器方面使用时，其金属薄膜层的持续氧化将引起薄膜传感器电阻的持续性变化，导致测试结果的持续性漂移等。

为此，本章中探究使用 Al_2O_3 – ZrO_2 复合材料替代陶瓷/金属薄膜的双层结构防护层的金属层，构成陶瓷/陶瓷复合防护层。利用其不同陶瓷层之间的界面势垒阻断单层陶瓷防护层的氧离子渗透通道，进而增强防护层的高温防护特性。选用 Al_2O_3 – ZrO_2 复合材料主要是因为，一方面 ZrO_2 颗粒周边的 Al_2O_3 基体可以阻止 ZrO_2 的相变。而另一方面 ZrO_2 填充 Al_2O_3 基体，增强了 Al_2O_3 基体的致密度，阻断 Al_2O_3 – ZrO_2 复合材料内部氧离子的渗透通道。

为了探究陶瓷/陶瓷复合薄膜防护层的效果，本章设计以下三种不同结构的防护层：单层 Al_2O_3 薄膜防护层、复合 Al_2O_3 – ZrO_2 薄膜防护层和异质 Al_2O_3 – ZrO_2/Al_2O_3 薄膜防护层。并通过 PdCr 薄膜应变计的重复性和稳定性等方面性能对不同结构的防护层进行防护性能表征。

5.1 不同结构防护层的制备

以蓝宝石为基底(以排除绝缘层对防护性能测试带来的影响),并以优化后的 PdCr 薄膜沉积工艺制备出具有如图 5 - 1(a)所示图形化的 PdCr 薄膜敏感栅,厚度约为 1.2 μm。然后在真空 800 ℃ 环境中退火处理 2 h,以修复制备过程中形成的缺陷,减少内应力,提高 PdCr 薄膜的稳定性。随后,再在其表面制备一层防护层,构成如图 5 - 1(b)所示的测试样品,并分别标记为 PdCr + Al_2O_3、PdCr + Al_2O_3 - ZrO_2 和 PdCr + Al_2O_3 - ZrO_2/Al_2O_3。

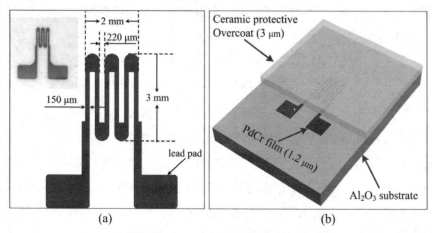

图 5 - 1　PdCr 薄膜应变计示意图

(a) 敏感栅　(b) 结构图

单层 Al_2O_3、复合 Al_2O_3 - ZrO_2 和异质 Al_2O_3 - ZrO_2/Al_2O_3 薄膜防护层均采用电子束蒸发的方法制备。选用粒径为 3 ~ 5 mm、纯度为 99.99% 的 Al_2O_3 蒸发料和 ZrO_2 含量为 6 wt. % 的 Al_2O_3 - ZrO_2(Al_2O_3 : ZrO_2 = 94 : 6 wt. %)蒸发料为蒸发源制备不同结构的防护层。首先,待腔体内部真空度优于 3×10^{-5} Pa 后,将基底温度以灯丝加热方式升温至 300 ℃。随后,待工作气压优于 5×10^{-4} Pa 并然后保温半小时后,以 0.5 nm/s 的蒸发速率制备防护层,并在预蒸发 2 min 后打开挡板开始正式溅射。单层 Al_2O_3 薄膜防护层和复合 Al_2O_3 - ZrO_2 薄膜防护层的厚度均为 3 μm,而异质 Al_2O_3 - ZrO_2/Al_2O_3 薄膜防护层中 Al_2O_3 和 Al_2O_3 - ZrO_2 薄膜分别为 1.5 μm,总厚度也控制为 3 μm。蒸发速率和厚度均通过石英晶体振荡器控制(QCOs)，并通过台阶仪进行校准。不同结构防护层的制备工艺参数见表 5 – 1 所列。

表 5 – 1 不同结构防护层的制备工艺参数

影响因素	沉积条件
Al_2O_3/wt. %	100
Al_2O_3 – ZrO_2/wt. %	94 : 6
粒径/mm	3 – 5
本底真空/Pa	3×10^{-5}
基底温度/℃	300
蒸发速率/(nm/s)	0.5
总厚度/μm	3

5.2 不同结构防护层的微观结构

在 PdCr 薄膜表面制备的不同防护层的表面 SEM 形貌如图 5 – 2 所示。从图中观察到，电子束蒸发制备的 Al_2O_3 薄膜和 ZrO_2 – Al_2O_3 复合薄膜均匀、致密，没有出现明显的微孔或者裂纹。但是，从图 5 – 2(b) 中可明显观察到，ZrO_2 – Al_2O_3 复合薄膜的粒径大小要比图 5 – 2(a) 中 Al_2O_3 薄膜的粒径细小一

(a)　　　　　　　　　　　　　(b)

图 5 – 2 不同结构防护层的 SEM 表面形貌表征

(a) Al_2O_3 (b) ZrO_2 – Al_2O_3

些。说明，$ZrO_2 - Al_2O_3$复合薄膜比Al_2O_3薄膜要更加致密，有利于阻断防护层中氧离子的导电通道。

在PdCr薄膜表面制备的不同防护层的截面SEM形貌如图5-3所示。可以观察到$PdCr + Al_2O_3$、$PdCr + Al_2O_3 - ZrO_2$和$PdCr + Al_2O_3 - ZrO_2/Al_2O_3$中Pd-Cr薄膜厚度均约为1.2 μm，不同结构防护层厚度约为3 μm。$PdCr + Al_2O_3 - ZrO_2/Al_2O_3$中$Al_2O_3$薄膜和$Al_2O_3 - ZrO_2$薄膜具有相同的厚度，分别为1.5 μm。同时观察到，所有防护层的结构均匀、致密。不同层之间的界面清晰可见，而且各层薄膜之间具有良好的附着性，在界面处没有明显的裂纹、微孔等缺陷。致密、无缺陷以及界面都将有助于提高防护层的高温抗氧化特性。

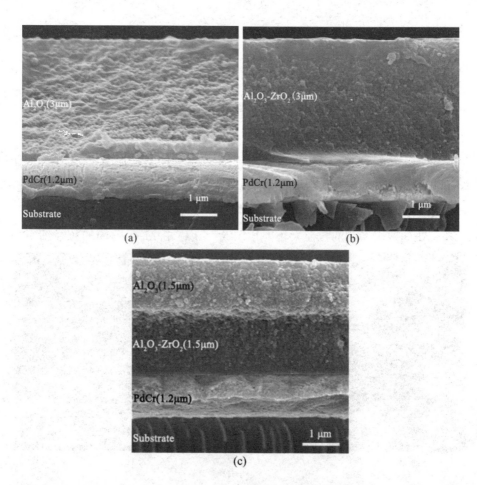

图5-3 不同结构防护层的SEM表面形貌表征

（a）$PdCr + Al_2O_3$ （b）$PdCr + Al_2O_3 - ZrO_2$ （c）$PdCr + Al_2O_3 - ZrO_2/Al_2O_3$

5.3 退火对不同结构防护层 PdCr 薄膜的微观结构表征

PdCr + Al_2O_3、PdCr + Al_2O_3 – ZrO_2 和 PdCr + Al_2O_3 – ZrO_2/Al_2O_3 的 XRD 图谱如图 5 – 4(a)所示,同时将没有防护层的 PdCr 薄膜作对比。不同结构防护层 PdCr 薄膜应变计均有较强的四个峰位,分别为 Pd 的(111)、(200)和(220)峰和基底峰。另外,在 PdCr + Al_2O_3 – ZrO_2 和 PdCr + Al_2O_3 – ZrO_2/Al_2O_3 中还探测到微弱的 ZrO_2 峰。随后对以上四个样品在大气 800 ℃环境中进行 15 h 退火。退火后的 XRD 图谱如图 5 – 4(b)所示。没有防护层的 PdCr 薄膜有较强的 Cr_2O_3 和 PdO 峰出现,表明 PdCr 薄膜本身具有较弱的抗氧化性。而具有防护层的 PdCr 薄膜,仅仅探测到了微弱的 Cr_2O_3 和 PdO 峰,表明不同防护层对 PdCr 薄膜均有较好的防护效果,特别是 Al_2O_3 – ZrO_2/Al_2O_3 异质防护层。但是,Al_2O_3 – ZrO_2/Al_2O_3 异质防护层中具有细小的 Al_2O_3 峰形成。因此,需对 Al_2O_3 – ZrO_2/Al_2O_3 异质防护层进行进一步的探究。

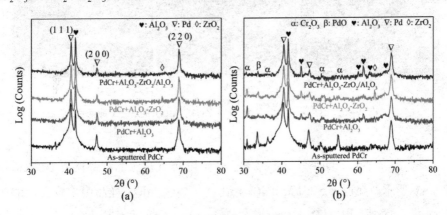

图 5 – 4　不同结构防护层 PdCr 薄膜应变计的 XRD 图谱

(a) 退火前　(b) 退火后

5.4 退火对异质 Al_2O_3 – ZrO_2/Al_2O_3 防护层异质界面微观结构的影响

为了进一步探究退火对 Al_2O_3 – ZrO_2/Al_2O_3 异质界面的影响,分别对三个 PdCr + Al_2O_3 – ZrO_2/Al_2O_3 样品在大气环境中 800 ℃进行了 5 h、10 h 和 15 h 退

火，并对 Al_2O_3 与 $Al_2O_3 - ZrO_2$ 薄膜之间的界面变化进行进一步的分析。退火后的 SEM 截面图如图 5 - 5 所示。很明显的观察到，经过 5 h 退火后，Al_2O_3 薄膜有向 $Al_2O_3 - ZrO_2$ 薄膜扩散，导致 Al_2O_3 与 $Al_2O_3 - ZrO_2$ 薄膜厚度不一样；经过 10 h 退火后，Al_2O_3 与 $Al_2O_3 - ZrO_2$ 薄膜之间的界面变模糊，分界不清晰；而经过 15 h 退火后的界面与 10 h 退火没有明显的区别，界面虽然模糊不清，但是依然存在。可能原因是，界面的互扩散增强了界面处结构的稳定性，进而阻止界面的进一步扩散[84]。而强化后的界面将有利于提高 Al_2O_3 与 $Al_2O_3 - ZrO_2$ 薄膜之间的附着性。同时，进一步抑制氧扩散，提高其抗氧化性。另外，经过大气 800 ℃ 退火 5 h、10 h 和 15 h 后，PdCr 薄膜上层（靠近防护层处）的结构和其内部结构并没有明显的区别。进一步表明，$PdCr + Al_2O_3 - ZrO_2/Al_2O_3$ 复合防护层可以有效地抑制氧扩散，确保 PdCr 薄膜结构的高温稳定性。

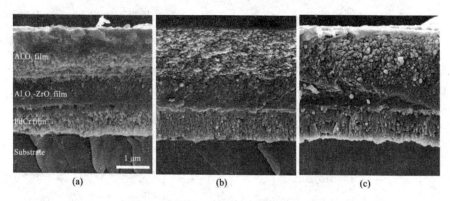

图 5 - 5　退火后 $PdCr + Al_2O_3 - ZrO_2/Al_2O_3$ 的 SEM 截面图

(a) 5 h　(b) 10 h　(c) 15 h

在大气环境中 800 ℃ 中进行 5 h、10 h 和 15 h 退火后样品的 XRD 图谱如图 5 - 6 所示。在退火 5 h 后，$PdCr + Al_2O_3 - ZrO_2/Al_2O_3$ 样品中出现了微弱的 Cr_2O_3 和 PdO 峰，以及 Al_2O_3 重结晶的峰。在退火 10 h 后，Al_2O_3 重结晶的峰有了明显的增强。而退火 15 h 后，Al_2O_3 重结晶的峰与退火 10 h 对比，没有发生特别明显的变化。与标准 PDF 卡片 PDF#70 - 3319 比对[148]，重结晶的形成微弱的 Al_2O_3 峰为 $\alpha - Al_2O_3$ 相，而 $\alpha - Al_2O_3$ 相在高温具有较好的结构稳定性。特别是，在退火 15 h 后，样品中没有出现特征峰的偏移或者新的特征峰，表明 $PdCr + Al_2O_3 - ZrO_2/Al_2O_3$ 结构在大气 800 ℃ 退火 10 h 后得到了增强，测试结果与图 5 - 5 中 SEM 中观察到了结果一致。

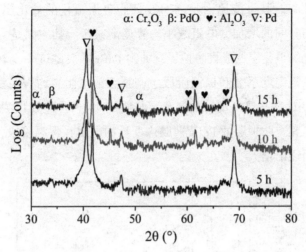

图 5 – 6　退火后 PdCr + Al$_2$O$_3$ – ZrO$_2$/Al$_2$O$_3$的 XRD 图谱

(a) 5 h　(b) 10 h　(c) 15 h

5.5　不同结构防护层对 PdCr 薄膜应变计性能的影响

5.5.1　对 PdCr 薄膜应变计稳定性的影响

　　为了验证不同结构防护层对 PdCr 薄膜应变计稳定性的影响，我们制备了有和没有防护层的 PdCr 薄膜应变计，并在大气 800 ℃保温 15 h 进行漂移电阻测试，测试结果如图 5 – 7 所示。从图中可得知，没有防护层的 PdCr 薄膜应变计的电阻，在测试温度低于 600 ℃时，其电阻随着温度升高而线性增大。电阻仅增加 10.29 Ω，根据电阻温度系数计算公式(2 – 19)，计算得到的电阻温度系数约为 153.2 ppm/℃。而当温度从 600 ℃升至 800 ℃，没有防护层的 PdCr 薄膜应变计的电阻急剧增了 48.31 Ω，其平均电阻温度系数约为 1976.7 ppm/℃。主要原因是，在高温环境中，没有防护层的 PdCr 薄膜被氧化，使其表面形成一层结构比较疏松的氧化层。测试结果与 NASA 采用 PdCr 丝制备的应变计测试结果一致[149]。然而，对于具有防护层的 PdCr 薄膜应变计，其电阻从室温到 800 ℃均呈现线性增加。随后在 800 ℃ 15 h 的保温阶段，没有防护层的 PdCr 应变计电阻在前两个小时，电阻急剧减小，致使 PdCr 薄膜应变计具有负的电阻漂移。其可能原因是，PdCr 薄膜表层疏松的氧化层逐渐致密化。而后随着保温时间的增加，电阻减小趋势逐渐减缓。其原因是，PdCr 薄膜表面逐渐致密化的氧化层构成自防护层，抑制 PdCr 薄膜的进一步氧化[95]。升温阶段较大的电阻温度系数和保温阶段急剧减小的电阻，均表明没有防护层的 PdCr 薄膜应变计在高温环境易被氧化，与图 5-4(b) 中 XRD 测试结果一致。而作为对比，具有防护层的 PdCr 薄膜应变计的电阻在保温阶段，则随着保温时间的增加而逐渐增大。

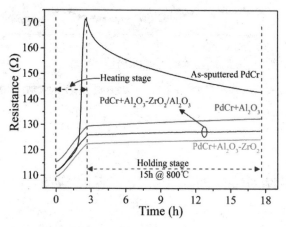

图 5-7　有和无防护层的 PdCr 薄膜应变计的电阻随退火时间的变化关系

在 800 ℃ 保温 15 h 阶段，具有防护层的 PdCr 应变计的相对电阻变化随保温时间的变化关系如图 5-8 所示。由图得知，具有防护层的 PdCr 应变计相对电阻随保温时间出现线性增加趋势，根据电阻漂移率计算公式(2-20)，计算得到 PdCr + Al$_2$O$_3$ 应变计具有最大的平均电阻漂移率，约为 0.15 %/h，PdCr + Al$_2$O$_3$ - ZrO$_2$ 应变计的平均电阻漂移率约为 0.11 %/h。而 PdCr + Al$_2$O$_3$ - ZrO$_2$/Al$_2$O$_3$ 应变计则具有最小的平均电阻漂移率，约为 0.09 %/h。较小的电阻漂移率表明，防护层具有较好的高温防护特性。因此，异质 Al$_2$O$_3$ - ZrO$_2$/Al$_2$O$_3$ 防护层具有更好的高温防护作用，也表明异质界面具有阻断氧离子渗透通道作用。

为了进一步验证异质 Al$_2$O$_3$ - ZrO$_2$/Al$_2$O$_3$ 防护层的高温防护效果，又进行了三次漂移测试，测试结果如图 5-9(a) 所示。由图可以得知，在升温阶段，电阻线性增加；在保温阶段，电阻大致呈现线性变化趋势。特别是第三次和第四次，薄膜应变计的电阻基本上重合。其电阻相对变化随保温时间的变化关系如图 5-9(b) 所示。计算得到的平均电阻漂移率分别为 0.06 %/h、0.02 %/h

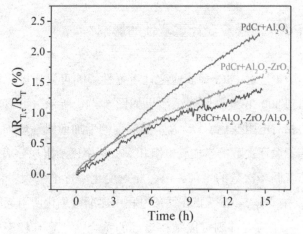

图 5 - 8　有防护层的 PdCr 薄膜应变计电阻的相对变化随保温时间的变化关系

和 - 0.01 %/h。电阻漂移率逐渐减小的原因可能是，PdCr 薄膜的高温微氧化逐渐形成自防护层，并抑制 PdCr 的进一步氧化。而电阻漂移率由正值变为负值，可能因为是微氧化逐渐形成自防护层逐渐致密化引起的。而减小的电阻漂移率进一步说明，$Al_2O_3 - ZrO_2/Al_2O_3$ 异质防护层具有较好的高温防护效果。其突出的高温和长时间防护效果主要归因于，具有致密和稳定结构的 $Al_2O_3 - ZrO_2$ 薄膜和 Al_2O_3 薄膜，而 $Al_2O_3 - ZrO_2$ 薄膜和 Al_2O_3 薄膜的异质界面势垒进一步增强了高温防护层效果，提高 PdCr 薄膜应变计的高温稳定性，增长使用寿命。

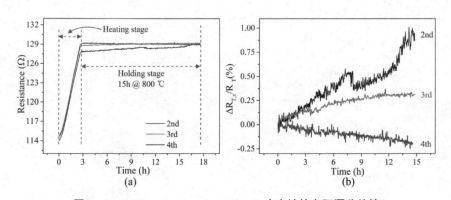

图 5 - 9　$PdCr + Al_2O_3 - ZrO_2/Al_2O_3$ 应变计的电阻漂移特性

（a）电阻随时间的变化关系　（b）相对电阻随时间的变化关系

5.5.2 对 PdCr 薄膜应变计重复性的影响

不同结构防护层对 PdCr 薄膜应变计重复性影响可以通过热循环测试进行评估。从室温到 800 ℃重复性测试结果如图 5 - 10 所示。可以观察到，PdCr 薄膜应变计的相对电阻变化（$\Delta R/R_0$）随温度的增加而线性增加。但是在八次热循环中，随着循环次数的增加，电阻相对变化率逐渐出现分离现象，即在相同温度点，随着循环次数的增加，电阻相对变化率逐渐增大，特别是 PdCr + Al_2O_3应变计。主要是 PdCr 薄膜在循环过程中逐渐微氧化所引起的。而 PdCr + Al_2O_3 - ZrO_2/Al_2O_3应变计则可以维持较好的重合性，具有较小的分离。根据电阻温度系数公式(2 - 19)，可以计算出不同结构防护层对 PdCr 薄膜应变计的电阻温度系数。PdCr + Al_2O_3、PdCr + Al_2O_3 - ZrO_2 和 PdCr + Al_2O_3 - ZrO_2/Al_2O_3应变计的平均电阻温度系数分别为 156.4 ppm/℃、156.5 ppm/℃ 和 155.3

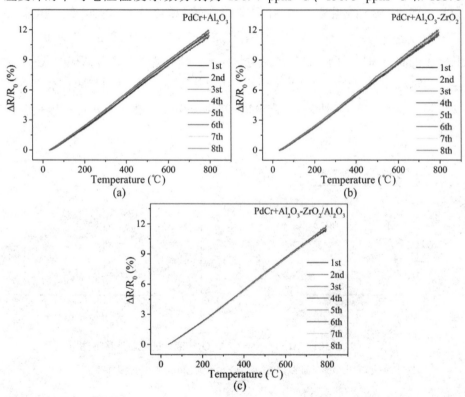

图 5 - 10 不同结构防护层结构 PdCr 薄膜应变计的重复特性

（a）PdCr + Al_2O_3 （b）PdCr + Al_2O_3 - ZrO_2 （c）PdCr + Al_2O_3 - ZrO_2/Al_2O_3

ppm/℃。八次热循环，不同结构防护层 PdCr 薄膜应变计热循环曲线的重复性相关系数分别为 0.9978、0.9988 和 0.9995，其均方根误差分别为 0.1653%、0.1238% 和 0.0792%，见表 5 - 2 所列。因此，PdCr + Al$_2$O$_3$ - ZrO$_2$/Al$_2$O$_3$ 应变计具有最小的电阻温度系数、最优的相关系数以及最小的均方根误差。以上测试结果表明，异质 Al$_2$O$_3$ - ZrO$_2$/Al$_2$O$_3$ 防护层具有最优的防护特性。主要归因于 Al$_2$O$_3$ - ZrO$_2$ 薄膜和 Al$_2$O$_3$ 薄膜之间无缺陷的结构，而异质界面进一步阻止氧离子，从而抑制氧渗透，提高其高温防护特性，使 PdCr 薄膜应变计具有更好的重复性[150]。

表 5 - 2 不同结构防护层对 PdCr 薄膜应变计重复特性总结

防护层结构	TCR/（ppm/℃）	重复特性	
		重复性相关系数（R^2）	均方根误差/%
PdCr + Al$_2$O$_3$	156.4	0.9978	0.1653
PdCr + Al$_2$O$_3$ - ZrO$_2$	156.5	0.9988	0.1238
PdCr + Al$_2$O$_3$ - ZrO$_2$/Al$_2$O$_3$	155.3	0.9995	0.0792

5.6 本章小结

本章中，采用电子束蒸发方法制备异质 Al$_2$O$_3$ - ZrO$_2$/Al$_2$O$_3$ 薄膜防护层构成陶瓷/陶瓷多层防护层，并探究其与单层 Al$_2$O$_3$ 薄膜防护层、复合 Al$_2$O$_3$ - ZrO$_2$ 薄膜防护层的防护性能。在大气环境中，当测试温度从室温到 800 ℃ 时，对比研究了不同结构的防护层对 PdCr 薄膜应变计的稳定性和重复性影响。主要得到以下结论。

1. 采用电子束蒸发制备的 Al$_2$O$_3$ 薄膜和复合 Al$_2$O$_3$ - ZrO$_2$ 薄膜表面结构均匀致密，没有明显的微裂纹等缺陷。而且，复合 Al$_2$O$_3$ - ZrO$_2$ 薄膜的颗粒尺寸明显小于 Al$_2$O$_3$ 薄膜的颗粒，使得复合 Al$_2$O$_3$ - ZrO$_2$ 薄膜结构具有更加致密的结构。此外，不同结构的防护层和 PdCr 薄膜之间界面清晰，并且在各薄膜层内以及界面处没有明显的微裂纹等缺陷，各薄膜层之间连接紧密。

2. 没有防护层的 PdCr 薄膜在 800 ℃ 大气中退火 15 h 后，XRD 表征探测到了较强的 Cr$_2$O$_3$ 和 PdO 峰，而具有防护层的 PdCr 薄膜仅有微弱的 Cr$_2$O$_3$ 和 PdO 峰，特别是异质 Al$_2$O$_3$ - ZrO$_2$/Al$_2$O$_3$ 防护层，表明防护层具有较好的防护特性。对异质 Al$_2$O$_3$ - ZrO$_2$/Al$_2$O$_3$ 防护层作进一步分析表明，构成异质结构的 Al$_2$O$_3$ 薄

膜和 Al_2O_3 – ZrO_2 薄膜在退火 5 h 后,界面处存在互扩散现象;退火 10 h 后,异质界面变得模糊不清,但依然存在;退火 15 h 后的异质界面与退火 10 h 的相比,没有明显的变化。通过 XRD 分析得知,退火 15 h 后,异质防护层中出现的微弱的 Al_2O_3 重结晶与退火 10 h 后的相比没有明显的变化。结果表明,异质 Al_2O_3 – ZrO_2/Al_2O_3 防护层的异质界面在 800 ℃退火 10 h 具有更加稳定的结构。因此,界面的互扩散有助于增强界面处的结构稳定性,进一步有效地抑制氧扩散。而重结晶形成的 Al_2O_3 为 α – Al_2O_3,在高温环境中具有较好的结构稳定性。

3. 将三种不同结构防护层分别应用于 PdCr 薄膜应变计,并与没有防护层的 PdCr 薄膜应变计进行退火对比显示,没有防护层的 PdCr 薄膜应变计,其电阻在室温到 600 ℃之间线性增加,电阻温度系数约为 153. 2 ppm/℃。但在 600 ℃到 800 ℃之间,电阻急剧增大,电阻温度系数高达 1976. 7 ppm/℃。而具有防护层的 PdCr 薄膜应变计在整个升温阶段均保持线性增加。而在 800 ℃保温 15 h 阶段,没有防护层的 PdCr 薄膜应变计,在 800 ℃保温的前两个小时,电阻急剧减小,之后随保温时间的增加逐渐趋于平稳。具有防护层的 PdCr 薄膜应变计的电阻随保温时间呈线性增加,PdCr + Al_2O_3、PdCr + Al_2O_3 – ZrO_2 和 PdCr + Al_2O_3 – ZrO_2/Al_2O_3 应变计的平均电阻漂移率分别约为 0. 15 %/h、0. 11 %/h 和 0. 09 %/h。其中异质 Al_2O_3 – ZrO_2/Al_2O_3 防护层的 PdCr 薄膜应变计具有最小的电阻漂移率,表明具有最优的防护效果[151]。

4. 在室温到 800 ℃的八次重复性热循环测试中,PdCr + Al_2O_3、PdCr + Al_2O_3 – ZrO_2 薄膜应变计的相对电阻变化随着循环次数的增加逐渐出现分离现象,即在同一温度点,薄膜应变计的相对电阻变化随着循环次数的增加而增大。而 PdCr + Al_2O_3 – ZrO_2/Al_2O_3 应变计的相对电阻变化依然保持较好的重合性。八次热循环中,PdCr + Al_2O_3、PdCr + Al_2O_3 – ZrO_2 和 PdCr + Al_2O_3 – ZrO_2/Al_2O_3 应变计的平均电阻温度系数分别为 156. 4 ppm/℃、156. 5 ppm/℃ 和 155. 3 ppm/℃。重复性相关系数分别为 0. 9978、0. 9988 和 0. 9995,其均方根误差分别为 0. 1653%、0. 1238% 和 0. 0792%。表明 PdCr + Al_2O_3 – ZrO_2/Al_2O_3 应变计具有最小的电阻温度系数、最优的重复性以及最小的均方根误差。因此,异质 Al_2O_3 – ZrO_2/Al_2O_3 防护层具有更优异的防护效果。其主要原因是构成异质防护层结构的 Al_2O_3 薄膜和 ZrO_2/Al_2O_3 薄膜具有均匀致密、无缺陷的结构,而异质界面势垒进一步阻断氧离子的渗透通道,抑制氧离子的渗透,提高其高温防护特性。

第六章 薄膜应变计的性能研究

根据第二章薄膜应变计的结构及第三章、第四章、第五章的研究结果，确定薄膜应变计的制备工艺流程为：（a）镍基高温合金基底机械抛光至无明显划痕；（b）分别采用专用去污剂、丙酮、酒精和去离子水超声清洗 15 min，并用氮气吹干备用；（c）在基底表面制备厚度约为 16 μm 的 NiCrAlY 薄膜；（d）将 NiCrAlY 薄膜样品放置于高真空环境中，在 1 050 ℃进行析铝 6 h 使 NiCrAlY 薄膜表面形成"富 Al"层，随后通入高纯氧使"富 Al"层逐渐氧化形成 TGO 层实现由金属相到陶瓷相的过渡转变，构成过渡层，提高多层膜附着性；（e）在 TGO 层表面采用直流反应溅射方法制备 YSZ 和 Al_2O_3 薄膜构成 YSZ/Al_2O_3/YSZ/Al_2O_3 多层绝缘层，保证应变敏感层与金属基底之间的电学绝缘；（f）在绝缘层表面制备 PdCr 薄膜应变敏感层，厚度要大于 933 nm 以提高其高温稳定性；（g）在 PdCr 应变敏感层表面采用电子束蒸发制备 Al_2O_3 等防护层。薄膜应变计的工艺流程图如图 6-1 所示，其结构图如图 6-2 所示。

6.1 应变信号高温互联技术研究

本书中研究的薄膜应变计为电阻式薄膜应变计，采集信号为电阻信号。因此，需要将应变敏感层的电阻信号通过焊接盘引出。而研究对象为航空发动机涡轮叶片，主要工作在高温、高压、强振动、强冲刷等恶劣环境。传统的焊锡焊接方式因为焊锡耐用温度较低而不可用。而普通的低温导电银浆在高温环境易因为附着力较差而脱落，导致电阻信号丢失。

可印刷高温银导电浆料和可印刷铂导电浆料主要由导电粉（导电银粉/铂粉）、低软化点的玻璃粉和有机载体三部分组成。有机载体作为临时的黏接剂，将导电粉和玻璃粉黏接在一起形成膏状物便于印刷或滴涂。在"低温固化"阶段，有机载体挥发不仅需要使膏状浆料转变为固态，而且要满足固化后的导电浆料与焊接盘具有较好的接触特性，"低温固化"流程见表 6-1 所

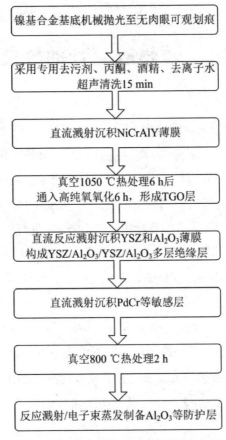

镍基合金基底机械抛光至无肉眼可观划痕

↓

采用专用去污剂、丙酮、酒精、去离子水
超声清洗15 min

↓

直流溅射沉积NiCrAlY薄膜

↓

真空1050 ℃热处理6 h后
通入高纯氧氧化6 h，形成TGO层

↓

直流反应溅射沉积YSZ和Al₂O₃薄膜
构成YSZ/Al₂O₃/YSZ/Al₂O₃多层绝缘层

↓

直流溅射沉积PdCr等敏感层

↓

真空800 ℃热处理2 h

↓

反应溅射/电子束蒸发制备Al₂O₃等防护层

图 6 – 1　PdCr 薄膜应变计的工艺流程图

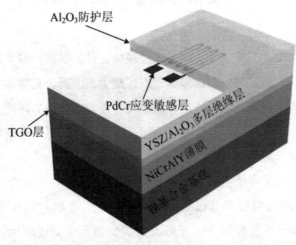

Al₂O₃防护层

PdCr应变敏感层

YSZ/Al₂O₃多层绝缘层

NiCrAlY薄膜

镍基合金基底

TGO层

图 6 – 2　PdCr 薄膜应变计结构示意图

表 6-1　导电浆料"低温固化"流程

固化温度/℃	固化时间/min	目的
室温	10	通过"流平"使导电浆料与焊接盘充分接触,提高附着性
80	10	通过"低温固化"使导电浆料中的有机溶剂缓慢挥发,提高浆料致密度
120	30	通过"高温固化"使导电浆料完全固化

列。低软化点的玻璃粉则作为正式黏结剂,在"高温烧结"过程中玻璃粉软化变为流体包裹并携带着导电粉浸润、扩散并填充进入焊接盘,进而使导电浆料中的导电相与焊接盘具有较好的附着性[152-153]。因此,可印刷高温银导电浆料和可印刷铂导电浆料通过"低温固化"和"高温烧结"后具有较好的附着性,可以满足薄膜应变计高温及振动环境测试需求。可印刷高温银导电浆料和可印刷铂导电浆料的"高温烧结"工艺分别为在 800 ℃烧结 20 min 和在 1 000 ℃烧结 30 min。另外,因为导电浆料在"高温烧结"过程中存在玻璃相的扩散,为了保证玻璃相不贯穿焊接盘及绝缘层,一般焊接盘要 > 2 μm。而银熔点只有 961.8 ℃,在接近其熔点时,银导电相会逐渐软化和氧化,致使引线的附着性及接触性减弱,引起测量误差。图 6-3(a)和(b)分别为高温银导电浆料在 800 ℃和 1 000 ℃烧结后实物图。在 800 ℃烧结后,高温银导电浆料将 Pt 导线完全包裹在焊盘上,具有良好的接触和附着性;而在 1 000 ℃烧结

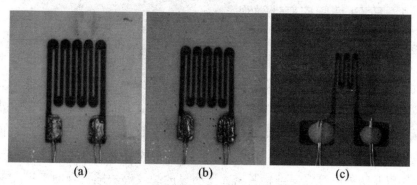

(a) (b) (c)

图 6-3　不同浆料高温烧结后效果图

(a) 银导电浆料在 800 ℃烧结　(b) 银导电浆料在 1 000 ℃烧结

(c) 铂导电浆料在 1 000 ℃烧结

后，高温银导电浆料中的导电银粉发生明显的氧化挥发致使 Pt 引线已经裸露出来，附着性较差。因此，为了确保输出信号的有效性，采用可印刷高温银导电浆料作为黏结剂的最高测试温度限定为 800 ℃。图 6-3(c) 为铂导电浆料在 1 000 ℃烧结后实物图。1 000 ℃烧结后，铂导电浆料将 Pt 引线完好包裹并烧结在焊接盘上。表面铂导电浆料可以适用于更高温度。

此外，在航空发动机环境中，叶片锁头部分温度相对比较低，所以考虑采用图形化的方法将高温部分的引线薄膜化并引导至叶片锁头等低温环境中。初步尝试引线薄膜化方案如图 6-4 所示。

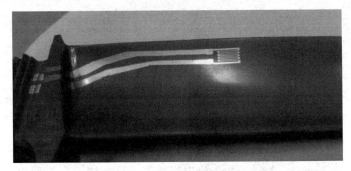

图 6-4　引线薄膜化方案

6.2　PdCr 薄膜应变计的可靠性测试

6.2.1　PdCr 薄膜应变计微观

航空发动机涡轮叶片工作时温度急剧变化，而 PdCr 薄膜应变计多层薄膜之间的热失配有可能导致薄膜应变计开裂脱落，最终导致薄膜应变计失效，因此 PdCr 薄膜应变计的附着可靠性也是影响应变计工作的重要因素，就要求薄膜应变计对周围环境温度急剧变化的适应性要求较高。PdCr 薄膜应变计的微观截面 SEM 形貌图如图 6-5 所示。构成 PdCr 薄膜应变计的过渡层、绝缘层、敏感层以及防护层等多层结构紧密，无明显的裂纹等缺陷，有助于提高 PdCr 薄膜应变计的附着性。其中，厚度为 16 μm 的 NiCrAlY 过渡层在析铝氧化后实现有金属到陶瓷材料的逐渐过渡，有助于提高多层膜之间的附着性，其中富 Al 层厚度约为 1 μm，热生长层(TGO)厚度约为 0.7 μm。YSZ/Al$_2$O$_3$/YSZ/Al$_2$

O_3 多层多元绝缘层中 YSZ 和 Al_2O_3 层厚度均匀，厚度分别为 0.5 和 0.9 μm。PdCr 敏感层及 Al_2O_3 防护层厚度分别为 1 和 0.7 μm。因此，PdCr 薄膜应变计的整体厚度小于 23 μm。

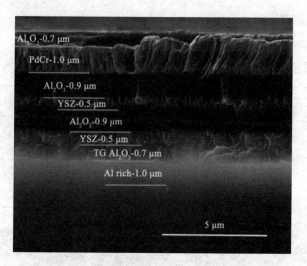

图 6 - 5　PdCr 薄膜应变计的微观截面 SEM 形貌图

6.2.2　冷热冲击测试

冷热冲击测试可以验证温度骤变情况下薄膜应变计的附着性，冷、热温度分别为 25 ℃ 和 800 ℃。试验时，将制备有 PdCr 薄膜应变计的平板样品放置在 800 ℃ 高温环境中，并保温 10 min 达到温度稳定后，迅速取出放置于室温环境，冷却 10 min 后再放置于 800 ℃ 高温环境中，如此循环往复 10 次（800 ℃ 十次，室温十次），具体实验步骤和条件见表 6 - 2 所列。在 25 ℃ 和 800 ℃ 测试实物图分别如图 6 - 6(a) 和(b) 所示。在十次循环后如图 6 - 6(c) 所示，肉眼观察到 PdCr 薄膜应变计与基底接触良好，未出现起皮、开裂、脱落等现象。表明，PdCr 薄膜应变计在多循环、高强度热冲击环境中具有较好的附着可靠性。

表 6 - 2　PdCr 薄膜应变计冷热冲击测试条件

影响因素	数值大小
热温温度/℃	800
热温保温时间/min	10

续表

影响因素	数值大小
冷温温度/℃	25
冷温保温时间/min	10
循环次数	10

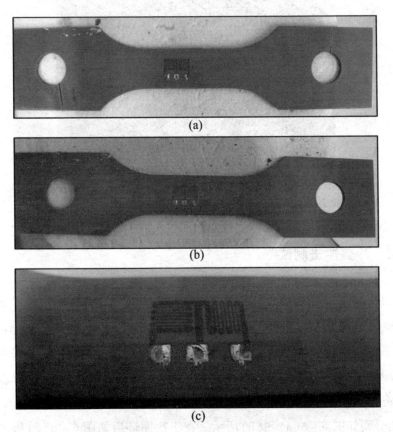

图 6 – 6　PdCr 薄膜应变计冷热冲击试验实物图

(a) 25 ℃　(b) 800 ℃；(c) 十次冷热循环后敏感栅放大图

6.2.3　整机高空台模拟测试

　　整机高空台模拟测试可以模拟出更加符合叶片工作的高温、高压、强振动、强冲刷等恶劣工作环境，对 PdCr 薄膜应变计附着性具有更高的要求。将 PdCr 薄膜应变计制备在某型号涡轮叶片上，样品实物图如图 6 – 7(a) 所示。高空台模拟试验前后 PdCr 薄膜应变计的放大图如图 6–7(b)和(c)所示，测试后观察到 PdCr 出现了一定的烧蚀现象，但是薄膜应变计与叶片接触性良好，未出现起皮脱落的现象，表明 PdCr 薄膜应变计具有较好的附着性。表明在高温、高压、强振动环境中，PdCr 薄膜应变计与航空发动机具有较好的结合强度，可以满足航空发动机恶劣环境的测试需求。

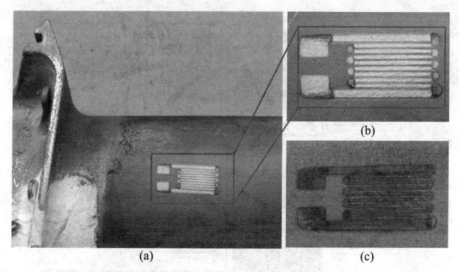

图 6–7　PdCr 薄膜应变计高空台模拟测试实物图

(a) 测试前样品图　(b) 测试前局部放大图　(c) 测试后局部方法大图

6.3　PdCr 薄膜应变计的静态标定

PdCr 薄膜应变计的静态标定采用 K465 镍基高温合金(196 mm × 32 mm × 5 mm)制备的拉伸样品为基底，通过机械抛光，专用去污剂、丙酮、酒精、去离子水等超声洗涤后，依次采用中频磁控溅射方法沉积 NiCrAlY 过渡层薄膜、在真空 1 050 ℃析铝 6 h 后通入高纯氧氧化 6 h、直流反应溅射制备 YSZ/Al$_2$O$_3$/YSZ/Al$_2$O$_3$ 绝缘层、直流磁控溅射沉积 PdCr 应变敏感层、电子束蒸发沉积 Al$_2$O$_3$ 防护层等制备出如图 6–2 所示结构 PdCr 薄膜应变计。PdCr 薄膜应变计的静态标定采用第二章中介绍的 Zwick/Roell Z050 材料试验机测试系统进行标定，静态应变测试系统如图 6–8(a)所示。通过两个硬钢定位销将 K465 拉伸样品夹持上下夹头之间并沿轴向放置在高温炉内[见图 6–8(b)]。测试时，力的加载方式为步进加载,所产生的应变通过激光引伸计测量,应变计电阻的变化则采用四线法连接并通过 HBM MX840B 八通道数字源表测量[见图 6-8(c)]。PdCr 薄膜应变计实物图如图 6-8(c)所示,其中应变敏感区域尺寸为3 mm × 2 mm。薄膜应变计的电阻和温度的输出信号通过 HBM MX840B-8 通道数据采集仪采集并同步接入 Zwick/Roell Z050 静态应变测试系统进行存储和显示[154]。

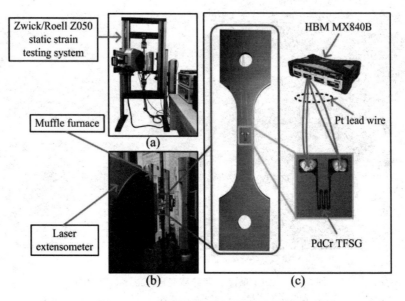

图 6-8 PdCr 薄膜应变计静态标定系统

(a) Zwick/Roell Z050 静态标定系统 (b) 样品夹持位置、
激光引伸计以及高温炉 (c) PdCr 薄膜应变计实物图

6.3.1 PdCr 薄膜应变计的静态标定

PdCr 薄膜应变计的标定时,采用步进加载方式逐步加载载荷,因此应变和 PdCr 薄膜应变计的栅电阻呈现台阶方式逐渐增加。在室温环境(25 ℃)下,PdCr 薄膜应变计标定结果如图 6-9 所示。从图 6-9(a)观察到,应变计敏感栅电阻和应变呈现非常明显的台阶变化关系,而且在应变稳定时,应变计的栅电阻也保持恒定,表明 PdCr 薄膜应变计在室温环境下具有较好的稳定性。而从图 6-9(b) PdCr 薄膜应变计栅的相对电阻变化 ($\Delta R/R$) 随应变的变化关系可以得到,应变计栅电阻的相对变化随应变和线性拟合曲线完全重合,表明薄膜应变计随应变计呈现线性响应关系。根据应变敏感系数计算公式(2-26),

得到室温环境中，PdCr 薄膜应变计的应变灵敏系数（GF）为 1.78。

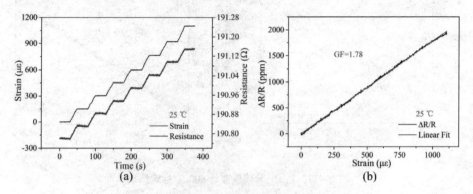

图 6 – 9　PdCr 薄膜应变计 25℃标定结果

（a）应变和栅电阻随时间变化关系　（b）PdCr 薄膜应变计电阻 – 应变响应关系

随后将测试温度升高，并测试在 400 ℃和 600 ℃ PdCr 薄膜应变计的电阻 – 应变响应关系，如图 6 – 10 和 6 – 11 所示。采用相同标定方法进行标定。结果表明：在 400 ℃和 600 ℃时，应变和 PdCr 薄膜应变计的栅电阻随时间都具有较好的台阶变化关系。而且，在应变稳定时，PdCr 薄膜应变计的栅电阻依然保持不变。通过拟合 PdCr 薄膜应变计的栅电阻相对变化随应变的变化关系，观察到 PdCr 薄膜应变计的栅电阻相对变化随应变呈线性关系，计算得到 PdCr 薄膜应变计在 400 ℃和 600 ℃的应变灵敏系数分别为 1.94 和 2.03。

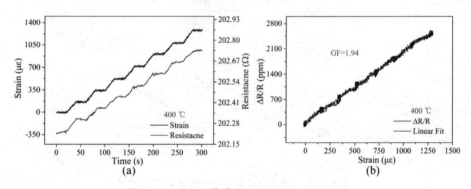

图 6 – 10　PdCr 薄膜应变计 400 ℃标定结果

（a）应变和栅电阻随时间变化关系　（b）PdCr 薄膜应变计电阻 – 应变响应关系

PdCr 薄膜应变计在 800 ℃的标定结果如图 6 – 12 所示。随着温度的升高，电阻逐渐出现波动。由马蒂森法则（Matthiessen's rule）得知，金属薄膜的电阻率由晶体热振动的散射以及晶体中杂质和缺陷的散射决定。随着测试温度的升高，晶体中各种杂质和缺陷的不规则热散射产生的热噪声逐渐被热激活并加

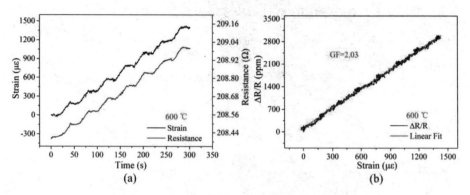

图6-11 PdCr 薄膜应变计600 ℃标定结果

（a）应变和栅电阻随时间变化关系 （b）PdCr 薄膜应变计电阻-应变响应关系

剧。另一方面，薄膜沉积过程引入的杂质，例如 Si 和 Al 等，可能在高温下引起破坏性的微观结构变化[155]。而由于热噪声所引起的最大波动为 ±0.036 Ω，如图6-12(a)标记位置。导致 PdCr 薄膜应变计栅电阻的相对变化随应变响应关系的拟合曲线线宽较宽，但是整体上，应变计的电阻随应变还是线性增加，而且与一次拟合直线的离散程度不大。计算的到 PdCr 薄膜应变计在800 ℃的应变灵敏系数为2.13。由于热噪声引起的误差约为 ±79 $\mu\varepsilon$，相对于总量程1 600 $\mu\varepsilon$ 的4.9%，小于高温应变测量可接受误差(10%)[37]。

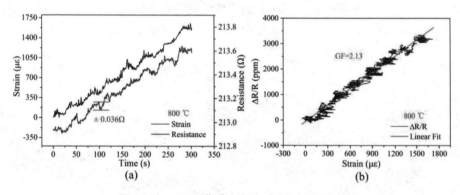

图6-12 PdCr 薄膜应变计800 ℃标定结果

（a）应变和栅电阻随时间变化关系 （b）PdCr 薄膜应变计电阻-应变响应关系

对比不同温度下标定的 PdCr 薄膜应变计的应变灵敏系数显示，应变灵敏系数随着测试温度升高而增大，其随温度变化曲线如图6-13所示。由图得知，PdCr 薄膜应变计应变灵敏系数随温度关系的曲线与其线性拟合曲线基本上重合，表明应变灵敏系数随着测试温度呈线性增加关系。由应变灵敏系数推导公式(2-26)推测, 可能是由于测试温度的升高, 薄膜应变计电阻率以及材料泊松比逐渐增大, 使 PdCr 薄膜应变计的应变灵敏系数随测试温度的升高而增大。相比于 NASA[37] 和上海交通大学丁桂甫团队[142] 所制备的 PdCr 薄膜应变计的 GF, 本研究所制备的 PdCr 薄膜应变计的应变灵敏系数略大。而 PdCr 薄膜应变计应变灵敏系数随温度变化关系的拟合曲线为

$$GF = 4.49 \times 10^{-4}T + 1.77 \tag{6-1}$$

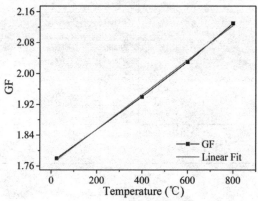

图 6-13 PdCr 薄膜应变计的应变灵敏系数随温度的关系

6.3.2 PdCr 薄膜应变计电阻 - 应变响应重复性表征

为表征 PdCr 薄膜应变计在不同温度下电阻 - 应变响应的重复性, 分别在不同温度条件下, 对应变计进行三次电阻 - 应变响应测试, 如图 6-14 所示。不同温度下的 PdCr 薄膜应变计栅电阻的相对变化随应变的三次重复测试曲线几乎完全重合。而在 25 ℃、400 ℃、600 ℃ 和 800 ℃ 的 PdCr 薄膜应变计电阻 - 应变效应重复性拟合系数(R^2)分别为 0.998、0.995、0.995 和 0.956, 其误差分别为 1.2%、2.1%、2.1% 和 5.5%, 见表 6-3 所列。结果表明: PdCr 薄膜应变计在室温到 800 ℃ 环境中都具有较好的重复性。

表 6-3 PdCr 薄膜应变计不问温度下的 GF 及其重复性

温度/℃	GF	GF 重复性	
		重复性相关系数(R^2)	误差/%
25	1.78	0.998	1.2
400	1.94	0.995	2.1

续表

温度/℃	GF	GF 重复性	
		重复性相关系数(R^2)	误差/%
600	2.03	0.995	2.1
800	2.13	0.956	5.5

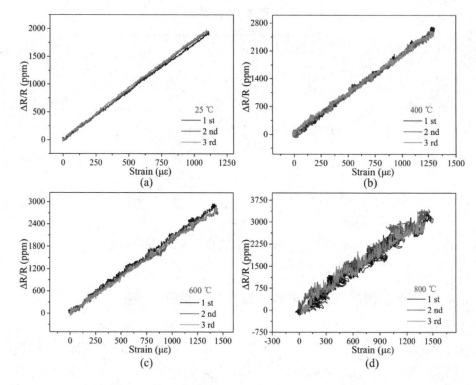

图 6-14 PdCr 薄膜应变计电阻 - 应变效应重复性表征

(a) 25 ℃ (b) 400 ℃ (c) 600 ℃ (d) 800 ℃

6.3.3 PdCr 薄膜应变计的误差分析

在高温环境中，PdCr 薄膜应变计的电阻除了应变引起的变化外，还与所处环境的温度以及不同材料之间的热膨胀系数不同引起的热失配等因素相关，这些因素都会引起 PdCr 薄膜应变计视应变误差。一般情况下，其热膨胀系数的差值可忽略不计。应变计的视应变主要与电阻温度系数和应变灵敏系数有关，即式(2-22)所示。而本试验中，在高温测试时，保持温度恒定，并以薄膜应变计对应温度点的电阻为参考点。因此，恒温测试结果中不存在视应变误差。但是，在保温阶段，敏感栅电阻的漂移也会带来漂移应变误差。

PdCr 薄膜应变计在 400 ℃、600 ℃和 800 ℃环境中并分别保温 3 h 敏感栅电阻随升温时间和保温时间的变化关系如图 6 – 15 所示。由图可知，在 400 ℃、600 ℃和 800 ℃升温阶段，PdCr 薄膜应变计的敏感栅电阻基本上重合，而且敏感栅电阻随升温时间的增加呈现线性方式增加。在 400 ℃、600 ℃和 800 ℃的电阻温度系数分别为 153.8 ppm/℃、164.9 ppm/℃ 和 162.6 ppm/℃。根据视应变灵敏系数计算公式(2 – 25)以及对应温度下的 GF，估算出 PdCr 薄膜应变计升温阶段的视应变灵敏系数，见表 6 – 4 所列。整体上，应变计的视应变敏感度稳定在 80 με/℃左右。因此，PdCr 薄膜应变计具有较为稳定的应变灵敏系数，这对变温环境中应变计测量结果的准确性有积极的作用。在 400 ℃、600 ℃保温阶段，PdCr 薄膜应变计的敏感栅电阻保持水平，但是在 800 ℃时电阻线性减小，根据漂移应变计算公式(2 – 21)，计算得到的漂移应变速率约为 206.7 με/h。

表 6 – 4　PdCr 薄膜应变计的视应变灵敏系数

测试温度/℃	400	600	800
电阻温度系数/(ppm/℃)	153.8	164.9	162.6
应变灵敏系数	1.94	2.03	2.13
视应变敏感度/(με/℃)	79.3	81.2	76.3

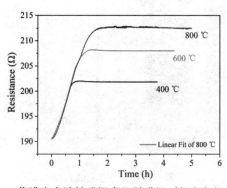

图 6 – 15　PdCr 薄膜应变计敏感栅电阻随升温时间和保温时间变化关系

而在 400 ℃和 600 ℃保温阶段，PdCr 薄膜应变计的敏感栅电阻基本上不变，表明 PdCr 薄膜应变计在 600 ℃之前具有较好的稳定性。因此，PdCr 薄膜应变计在测试温度低于 600 ℃时，不存在漂移应变。而在 800 ℃保温时，敏感栅电阻随保温时间呈现下降趋势，可能原因是 PdCr 薄膜在 800 ℃环境中进一步致密化导致敏感栅电阻有所减少。在 800 ℃保温 3 h 阶段，PdCr 薄膜应变计敏感栅由 212.778 Ω 减小至 212.507 Ω，减小了 0.271 Ω。根据电阻漂移率计算公式(2-20)，计算得到 PdCr 薄膜应变计在 800 ℃ 的电阻漂移率为 0.042 %/h。根据漂移应变速率计算公式(2-21)，计算 PdCr 薄膜应变计在 800 ℃ 由于电阻漂移导致的漂移应变速率为 597.95 με/h。

6.4　PdCr 薄膜应变计的动态测试

将 PdCr 薄膜应变计制备在平板型动态试件和某型号涡轮叶片等镍基高温合金基底上，并通过 SA160F-R24C/ST 动态测试系统对 PdCr 薄膜应变计的动态响应特性则进行表征，动态测试系统如图 6-16 所示。将镍基高温合金基底的一端固定在振动台上，并由振动台带动产生应变，如图 6-16(a)所示。在 PdCr 薄膜应变计的一侧面放置一根 K 形热电偶对温度进行实时监测。PdCr 薄膜应变计的电阻变化则采用四线法连接并通过 HBM MX840B 八通道数字源表测量，如图 6-16(b)所示。同时，PdCr 薄膜应变计所在位置的振动幅度/位移由激光位移传感器同步测得，其示意图如图 6-16(c)所示。

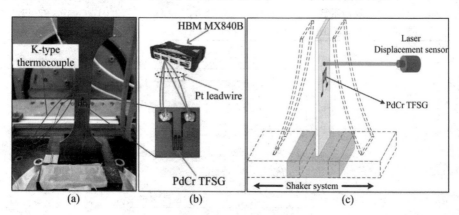

图 6-16　动态测试系统

（a）动态应变测量系统试验装置　（b）PdCr 薄膜应变计实物图　（c）振动台振动模式示意图

6.4.1　平板型动态试件性能研究

将 PdCr 薄膜应变计制备在 K465 平板型试件样品上，并在其共振频率 (67.99 Hz)下进行平板型动态试件性能研究。根据信号采样定律[156-158]，

HBM MX840B 八通道数字源表电阻采集频率设定为 300 Hz。PdCr 薄膜应变计在室温时的时域特性如图 6−17(a)所示。在静止状态(加速度为 0 g,g:重力加速度)时，PdCr 薄膜应变计的电阻不变(约为 111.75 Ω)。随后振动台加速度以步长为 0.2 g 逐渐增加到 1.0 g。PdCr 薄膜应变计电阻以静止状态时的电阻为中心进行波动，而且电阻变化量随加速度增加而逐渐增大。从图 6−17(b)观察到，PdCr 薄膜应变计的电阻随测试时间为周期性变化，周期频率约为 68 Hz。PdCr 薄膜应变计电阻变化频率与 K465 样品的共振频率 68 Hz 一致，表明 PdCr 薄膜应变计具有足够快的跟踪响应能力。然后对不同加速度下所测得的 PdCr 薄膜应变计的电阻值进行快速傅里叶变换(fast fourier transformation，FFT)，即建立了基于频域处理的动应变分析方法，得到电阻幅值变化，如图 6−17(c)所示。可见，经过快速傅里叶变换后，在加速度为 0 时电阻没有任何变化，但在振动台施加加速度后，在频率为 67.95 Hz 处应变计电阻出现明显的振幅变化，即振动引起应变，导致应变计电阻发生变化，并随着加速度

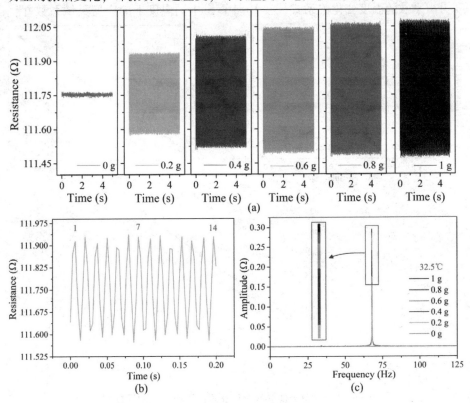

图 6−17 PdCr 薄膜应变计室温时电阻动态特性

(a)时域特性 (b)在加速度为 0.2 g 时，PdCr 薄膜应变计电阻在前 0.2s 的响应特性 (c)频域特性

的增加而增大。而快速傅里叶变换分析频率与动态测试系统施加的共振频率仅相差 0.04 Hz，也证明测试结果的有效性。

　　PdCr 薄膜应变计的电阻变化量以及激光位移传感器测量的 PdCr 薄膜应变计的振动位移随加速度变化关系如图 6-18(a)所示。随着振动加速度的增加，PdCr 薄膜应变计的电阻变化和所在位置的位移随加速度增加均呈现出类抛物线方式增加。从图 6-18(b)观察到，薄膜应变计电阻变化量与应变计所在位置的振动位移关系与其线性拟合曲线完全重合，表明应变计的电阻变化与振动位移呈正相关性，即 PdCr 薄膜应变计的电阻变化量随振动位移呈现线性增加。根据薄膜应变计标定公式(2-25)逆推得到应变计算公式(6-2)：

$$\varepsilon = \frac{\Delta R}{GF_T \cdot R_T} \tag{6-2}$$

式中：ε 为应变，ΔR 为电阻变化量，GF_T 和 R_T 分别为 PdCr 薄膜应变计在温度为 T 时的应变敏感系数和初始电阻。并根据静态标定得到的 PdCr 薄膜应变计应变灵敏系数随温度变化关系式(6-1)计算出不同温度下的应变灵敏系数并代

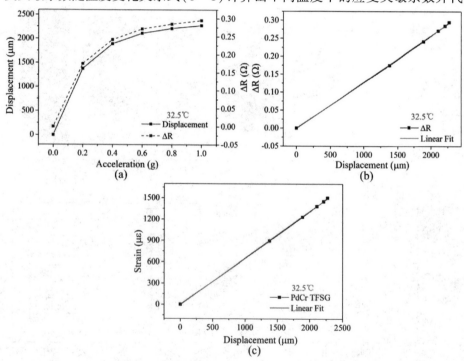

图 6-18　PdCr 薄膜应变计在室温时的应变响应特性

（a）薄膜应变计的电阻变化量、振动位移随加速度变化关系；（b）电阻变化量随振动位移的变化关系；（c）薄膜应变计在室温时的动态应变响应特性。

入式(6-2)，可计算出不同温度下的振动应变。室温时的动态应变响应特性如图6-18(c)所示。由图得知，PdCr薄膜应变计的动态应变随振动位移线性增加，符合力学弹性理论中的胡克定律[159]，证明了测试结果的有效性。

在188 ℃、294 ℃、495.2 ℃和796 ℃对PdCr薄膜应变计的动态应变响应作进一步的研究，还描述了在32.5℃下获得的数据，如图6-19所示。在不同温度下，通过快速傅里叶变换得到的电阻变化量随加速度的关系如图6-19(a)所示。注意到，在同样的加速度下，PdCr薄膜应变计的电阻变化量随着测试温度的增加而减小，表明在高温环境下，应变有所减小。这种现象主要归因于，随着温度的增加，K465基底的机械强度减弱，例如杨氏模量[160]，导致K465基底材料中上部分的跟随能力减弱，同时所受的最大应变可能向根部移动。这种猜测可以通过激光位移传感器同步测量的振动位移来确定，如图6-19(b)所示。由此可以看出，在较高的温度下，PdCr薄膜应变计的振动位移随温度的

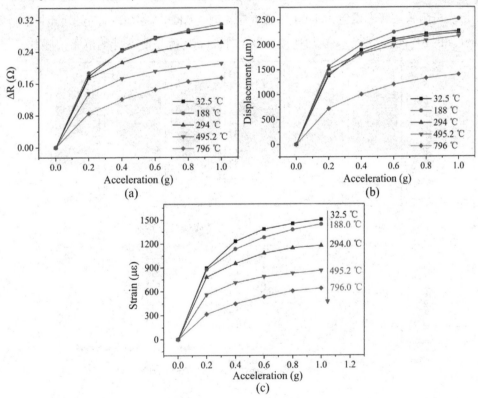

图6-19　不同温度下PdCr薄膜应变计的应变响应特性

(a) 薄膜应变计的电阻变化量随加速度响应特性　(b) 薄膜应变计振动位移
随加速度响应特性　(c) 薄膜应变计动态应变输出随加速度响应特性

增加而逐渐减小，这与用 PdCr 薄膜应变计测得的电阻变化趋势相同。另外，根据静态标定得到的 PdCr 薄膜应变计应变灵敏系数随温度变化关系式（6-1），得到在 188、294、495.2 和 796 ℃的应变灵敏系数分别为 1.85、1.90、1.99 和 2.13，可以计算得到不同温度下的动态应变，如图 6-19(c) 所示。随着振动加速度的增加，动态应变以类似抛物线的形式增加，而在一定加速度下，随着温度的升高，动态应变逐渐减小。

6.4.2　涡轮叶片高温高周动应变测试

　　PdCr 薄膜应变计的高温高周动响应则在采用 DD6 材料所制备的某型号涡轮叶片进行验证，PdCr 薄膜应变计制备的位置靠近叶盆根部位置。DD6 叶片在室温的共振频率为 1697 Hz，根据信号采样定律，HBM MX840B 八通道数字源表电阻采集频率设定为 4800 Hz。在室温时，PdCr 薄膜应变计电阻的时域特性如图 6-20(a) 所示。在加速度为 0 g 时，PdCr 薄膜应变计的电阻信噪比相

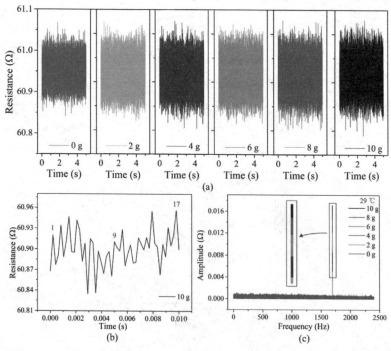

图 6-20　PdCr 薄膜应变计室温时电阻动态特性

（a）时域特性　（b）在加速度为 10 g 时，PdCr 薄膜应变
计电阻在前 0.01 s 的响应特性　（c）频域特性

对与平板型试件(低频)要大。这种现象主要是由于 Pt 引线表层直接裸露在测试环境中，没有进行信号屏蔽所造成的。随后将振动台加速度以步长为 2 g 逐渐增加到 10 g，随着加速度的增加，电阻波动也逐渐增大。分析加速度为 10 g 的前 0.01 s 电阻值[见图 6-20(b)]，可以观察到 PdCr 薄膜应变计的电阻也呈现周期性的波动，波动周期约为 1700 Hz。同时，对 PdCr 薄膜应变计的时域信号进行快速傅里叶变换(FFT)后，在加速度为 0 时，电阻变换后没有任何变化。但是在振动台施加加速度后，薄膜应变计在频率为 1696 Hz 处依然可以得到较为明显的电阻幅值变化，与振动台施加的振动频率一致，并且电阻幅值随着加速度的增加逐渐增大，如图 6-20(c)所示。测试结果表明，PdCr 薄膜应变计具有较快的响应速度。

PdCr 薄膜应变计在经过快速傅里叶变换后得到的电阻变化量与激光位移传感器所测得的位移量关系如图 6-21(a)所示。PdCr 薄膜应变计的电阻变化率与其位移量随加速度具有相同的变化趋势。为进一步分析电阻变化量随位移

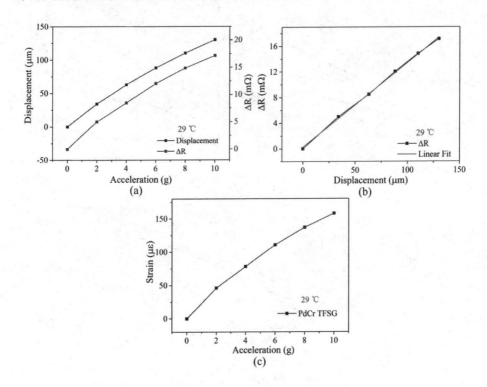

图 6-21 PdCr 薄膜应变计在室温时的应变响应特性

(a) PdCr 薄膜应变计的振动位移、电阻变化量随加速度变化关系

(b) 电阻变化量随振动位移的变化关系 (c) 室温时的动态应变响应特性

变化关系，将图 6-21(a)数据重新绘制如图 6-21(b)所示。由图可知，电阻变化量随位移增加曲线与线性拟合曲线完全重合，表明 PdCr 薄膜应变计的电阻变化量随位移呈现线性关系增加，与平板型试样变化关系一致。根据应变计算公式(6-2)计算得到应变如 6-21(c)所示。

　　PdCr 薄膜应变计在某型号涡轮叶片在 29 ℃、600 ℃和 800 ℃振动测试结果如图 6-22 所示。不同温度下，PdCr 薄膜应变计的电阻变化量、振动位移和动态应变输出随加速度变化呈现类抛物线方式增加，与平板型试样测试结果相一致。但对比显示，在同样加速度下，PdCr 薄膜应变计的电阻变化随着测试温度的增加逐渐增大[见图 6-22(b)]，与平板型试样测试结果相反。可能原因是，高温环境中，DD6 基底材料的机械强度减弱后，根部(PdCr 薄膜应变计所在位置)的形变量增大，进而导致应变量增大。激光位移传感器所测得的位移变化量随温度变化关系如图 6-22(b)所示。证明根部的形变量随着温度

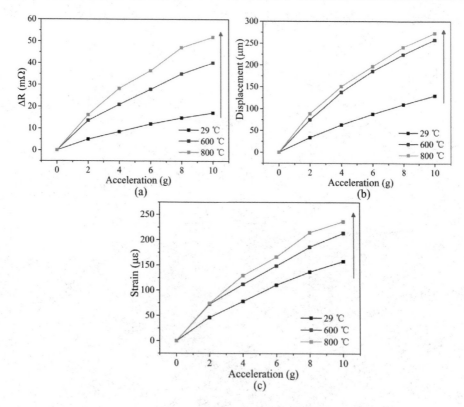

图 6-22　不同温度下 PdCr 薄膜应变计的应变响应特性

(a) 电阻变化量随加速度响应特性　(b) 振动位移随加速度
响应特性　(c) 动态应变输出随加速度响应特性

的增加而增大。不同温度下，动态应变输出随加速度也以类似抛物线的形式增加，如图 6-22(c) 所示。在 800 ℃进行高频测试后，PdCr 薄膜应变计的引线处连接完好也证明了可印刷高温银浆的可靠性。

6.5　本章小结

采用前文优化后工艺制备由过渡层、绝缘层、敏感层和防护层等四部分构成的薄膜应变计。研究了应变信号高温互联方案及其附着可靠性，也对薄膜应变计的应变特性进行了静态、动态测试分析，主要得到以下结论。

1. 针对薄膜应变计的应变信号高温互联问题，采用铂丝作为导线，并用可印刷高温银导电浆料，通过"低温固化"和"高温烧结"，将铂丝导线烧结在薄膜应变计的焊接盘上。因为可印刷高温银导电浆料中导电银粉的熔点为 961.8 ℃，为确保测试数据的有效性和可靠性，将采用可印刷高温银导电浆料作为黏结剂的测试最高温度限定为 800 ℃。另外，也可以通过引线薄膜化方法将薄膜应变计的焊接盘延长到低温区域。

2. 采用冷热冲击试验和高空台模拟试验对多层结构的 PdCr 薄膜应变计进行附着可靠性测试，测试后 PdCr 薄膜应变计结构仍然保持完整，无明显的开裂、脱落、起皮等现象。表明在高温、多循环、高强度热冲击环境中，PdCr 薄膜应变计与航空发动机具有较好的附着可靠性，可以满足航空发动机高温、强振动的测试需求。

3. 采用静态标定系统在 25 ℃、400 ℃、600 ℃和 800 ℃对 PdCr 薄膜应变计进行静态标定，测试结果显示其电阻随应变呈线性关系。根据其电阻应变响应特性曲线计算出 PdCr 薄膜应变计得到在不同温度下的应变灵敏系数(GF)分别为 1.78、1.94、2.03 和 2.13。而不同温度电阻应变响应曲线的重复性拟合系数 (R^2) 分别为 0.998、0.995、0.995 和 0.956，其误差分别为 1.2%、2.1%、2.1%和 5.5%，表明 PdCr 薄膜应变计具有较好的重复性。

4. 采用动态测试系统分别对制备在平板型试样和某型号涡轮叶片上的 Pd-Cr 薄膜应变计进行动态测试，结果显示在不同温度和不同加速度条件下，薄膜应变计的电阻随振动台均呈现周期性响应。对 PdCr 薄膜应变计的电阻进行快速傅里叶变换(FFT)后，即建立了基于频域处理的动应变分析方法，在对应

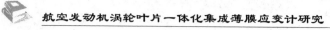

的分析频率处得到不同加速度的电阻变化幅值，显示电阻变化幅值随着加速度的增加而呈现出抛物线方式增加，且分析得到的频率与动态测试系统所施加的共振频率相同，证明动应变分析方法的正确性。此外，与同步采用激光位移传感器测量的振动位移相比，PdCr 薄膜应变计在不同加速度的电阻变化率随振动位移呈线性变化关系，证明了测试结果的有效性。在振动频率高达 1697 Hz 时，PdCr 薄膜应变计依旧具有较好的响应特性，表明 PdCr 薄膜应变计具有较快的响应速度[161]。

第七章 PdCr 薄膜应变花及 ITO 应变敏感材料初探

弹性基底材料在受到沿轴向的单轴作用力后，将基底材料沿着轴向伸长。而弹性基底材料为保持体积不变，则垂直于轴向方向会压缩。为了测得垂直于轴向的应变大小，本文中选用并设计结构相同且相互垂直的两个单臂构成90°应变花[162]。此外，为了提高薄膜应变计的应变灵敏系数，初步研究了 ITO 半导体薄膜作为应变敏感材料的制备工艺，并对 ITO 薄膜应变计进行静态标定。

7.1 90°PdCr 薄膜应变花研究

7.1.1 90°应变花结构

90°PdCr 薄膜应变花的图形化采金属掩膜方法，将应变花结构图形设计为敏感栅和电极两部分，中间侧栅和焊接盘为共用部分，如图 7 – 1(a) 和(b)所示。应变花结构的掩膜版设计时，避免自由端的出现，可以确保最终图形清晰、可现性。而在制备过程中，也需要两次就可以实现应变花结构的图形(见图7–1(c))。与原有单臂图形化过程相比，没有增加制备工艺流程或复杂程度。由实物图 7–1(d)得知，图形化后的应变花结构敏感栅的测量栅和侧栅粗细均匀、电极及焊接盘部分弧度圆润自然、电极与敏感栅连接顺畅。没有发生因为掩膜版与基底接触不好而导致的模糊不清等现象，表明应变花结构的图形化可通过金属掩膜方法进行实现。

7.1.2 90°应变花电阻应变响应特性

7.1.2.1 90°PdCr 薄膜应变花制备

以 DZ22 为基底，首先采用机械抛光至无明显划痕后，依次采用专用去污

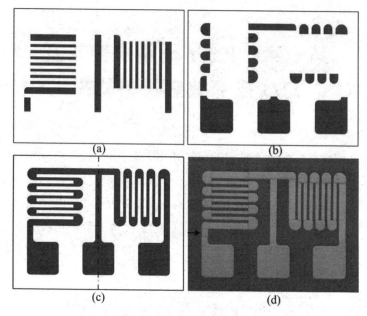

图 7 – 1　90°应变花图形化方案

（a）敏感栅　（b）电极　（c）示意图　（d）实物图

剂、丙酮、酒精、去离子水超声清洗 15 min，并用氮气吹干。其次，沉积 Ni-CrAlY 薄膜采用 3.1 节中的"析铝氧化"工艺形成渐变过渡层。然后，依次直流反应溅射沉积 YSZ 和 Al$_2$O$_3$ 薄膜构成"多层绝缘层"。敏感层则采用具有应变花结构的金属掩膜进行图形化。最后，采用电子束蒸发法方法制备 Al$_2$O$_3$ 作为"防护层"，实物图如图 7 – 2 所示。并采用 Zwick/Roell Z050 材料试验机测

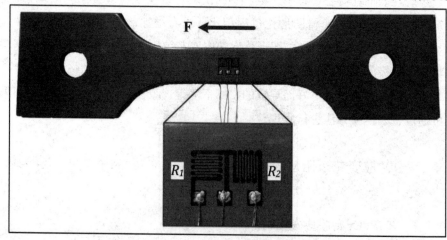

图 7 – 2　应变花结构 PdCr 薄膜应变计

试系统进行标定，沿轴向单臂电阻为 R_1，垂直于轴向单臂为 R_2。

7.1.2.2　90°PdCr 薄膜应变花验证

应变花结构 PdCr 薄膜应变计室温(25 ℃)标定结果如图 7 - 3 所示。单臂 R_1 和 R_2 电阻值相差约为 17 Ω，造成电阻差异的原因主要有以下几点。

1. 图形化结构。由于结构需求以及为了防止自由端的形成，掩膜版在设计时需要经过转角变换和转接。应变花结构图形化设计最终导致单臂电阻 R_2 比 R_1 多两个接触电阻，如图 7 - 1(d)中黑色箭头标记地方。

2. 掩膜版加工工艺。金属掩膜版的加工工艺主要有冲压、激光切割、蚀刻等。本书中金属掩膜版均采用光化学蚀刻方法，具有加工精度高，无毛刺、凸点、缺口，不易导致部件发生变形等优点，对图形化后电阻影响较小。

3. 掩膜版贴合、对准。金属掩膜版与基底材料的贴合效果直接影响着图形化后图形的精细度，而应变花结构的图形化需要两次实现，两次图形化的对准效果，特别是第二次图形化过程中，电极与测量栅的对准对应变花结构两个单臂电阻差异的产生影响最大。因此，掩膜版的贴合、对准是影响应变花结构中两个单臂电阻产生差异的重要因素。

4. 表面粗糙度。基底表面原始粗糙度的复现性将直接增加沉积在其表面薄膜的非固有粗糙度，使沉积薄膜具有较大的表面粗糙度和较多的位错等内部缺陷，进而增加薄膜表面粗糙度和内部缺陷对传输电子的散射作用，导致电阻增大。

由单臂 R_1 和 R_2 电阻随测试时间变化关系(见图 7 - 3(a))得知，随着测试时间的增加，单臂 R_1 电阻逐渐增加，而单臂 R_2 电阻逐渐减小。表明基底材料在轴向受到拉伸时，横向受到压缩，符合弹性材料体积变化关系。单臂 R_1 的相对电阻变化对应变呈现线性增加关系(如图 7 - 3(b)所示)。根据应变计灵敏系数 GF 计算公式(2 - 26)，计算得到单臂 R_1 的 GF 为 1.57。因为采用相同的工艺制备的 PdCr 应变敏感层以及其他结构，所以，单臂 R_2 的和单臂 R_1 具有相同的 GF。根据应变计算公式(6 - 2)和单臂 R_2 的电阻变化，计算得到垂直于轴向的应变，如图 7 - 3(c)右 Y 轴所示。

随后将测试温度升高到 600 ℃，90°PdCr 薄膜应变花在 600 ℃ 的标定结果如图 7 - 4 所示。从图 7 - 4(a)单臂 R_1 和 R_2 电阻随测试时间变化关系得知，随着测试时间的增加，单臂 R_1 电阻逐渐增加，而单臂 R_2 电阻逐渐减小，与室温

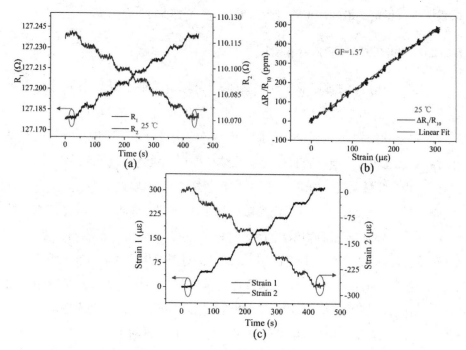

图 7 – 3　90°PdCr 薄膜应变花室温标定

（a）单臂 R_1 和 R_2 电阻随测试时间变化关系

（b）单臂 R_1 电阻应变响应特性　　（c）单臂 R_1 和 R_2 应变响应特性

时变化趋势一致。单臂 R_1 的相对电阻变化对应变呈现线性增加关系，如图 7 – 4(b)所示。根据应变计灵敏系数 GF 计算公式(2 – 25)，计算得到单臂 R_1 的 GF 为 2.12。根据应变计算公式(6 – 2)和单臂 R_2 的电阻变化，计算得到垂直于轴向的应变，如图 7 – 4(c)右 Y 轴所示。

　　应变花结构 PdCr 薄膜应变计单臂 R_1 和 R_2 从室温到 600 ℃ 的电阻随温度变化关系如图 7 – 5(a)所示。单臂 R_1 和 R_2 的电阻随温度呈现线性增加关系。根据电阻温度系数计算公式(2 – 19)，计算得到的电阻温度系数分别为 272.5 ppm/℃ 和 272.6 ppm/℃，随后在 600 ℃ 保温 1 h，单臂 R_1 和 R_2 的电阻随保温时间变化关系如图 7 – 5(b)所示。在保温的前 30 min，两个单臂 PdCr 薄膜电阻均出现较大的减小趋势，随后逐渐减缓。根据电阻漂移率计算公式(2 – 21)，计算得到平均电阻漂移率均为 – 0.07 %/h。相同的电阻温度系数和平均电阻漂移率表明，构成应变花薄膜应变计的单臂 R_1 和 R_2 具有相同的电学特性。

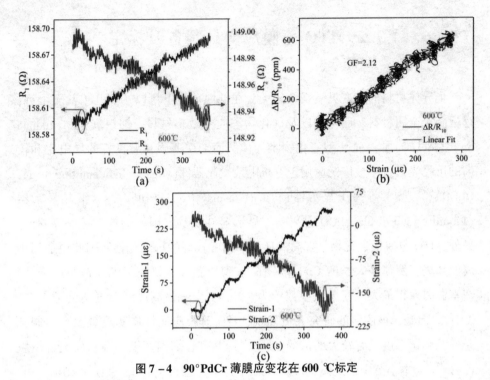

图 7 – 4 90°PdCr 薄膜应变花在 600 ℃标定

（a）单臂 R_1 和 R_2 电阻随测试时间变化关系 （b）单臂 R_1 电阻应变响应特性

（c）单臂 R_1 和 R_2 应变响应特性

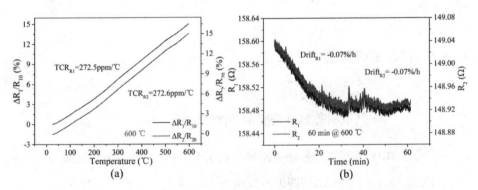

图 7 – 5 应变花结构 PdCr 薄膜应变计单臂 R_1 和 R_2 的电阻温度特性

（a）电阻温度系数 （b）电阻漂移特性

7.2 ITO 薄膜应变计制备及标定

半导体材料的应变灵敏系数较大，在低温环境下可以达到几十甚至上百，远远高于金属材料、硼化物以及硅化物等应变敏感材料。铟锡氧化物(Indium tin oxide, ITO)是一种 N 型氧化物半导体。而 ITO 薄膜具有良好的导电率和较高的可见光透过率被广泛应用于有机电致发光器件(Organic light emitting diode, OLED)[163-165]、等离子显示器(Plasma display panel, PDP)[166]、液晶显示器(Liquid crystal display, LCD)[167,168]等显示器件以及太阳能电池[169-171]等领域。另外，ITO 也属于氧化物，在高温环境中具有较好的抗氧化性，因此更适用于高温环境。罗德岛大学的 Gregory 团队在陶瓷基底上研究了 ITO 薄膜应变计，在室温时取得最大应变灵敏系数约为 −77.71[31]，最高测试温度达到了 1 553 ℃[32]。但是，该团队的研究人员发现，ITO 薄膜应变计应变灵敏系数对制备条件及测试温度具有较大的依赖性[35,172]，并且在高温环境中存在较大的电阻漂移[173]。本小节中以纯度为 99.99% 的 ITO 为靶材(In_2O_3:SnO_2 = 90:10 wt. %)，并采用磁控溅射方法制备 ITO 薄膜。研究不同制备工艺以及退火条件对 ITO 薄膜重复性和稳定性的影响，从而找到符合要求的 ITO 薄膜应变敏感材料制备工艺。

7.2.1 ITO 薄膜制备工艺研究

7.2.1.1 N、Ar 气氛制备 ITO 薄膜电学性能研究

以高纯 Al_2O_3 为基底，并在室温环境(25 ℃)中采用 N:Ar 分别为 7:38、9:36、11.5:33.5、13.5:31.5 四组参数制备 ITO 薄膜，沉积气压为 0.4 Pa，沉积功率为 100 W，沉积时间为 1 h，具体制备工艺参数见表 7−1 所列。N、Ar 气氛中制备的 ITO 薄膜为棕色(如图 7−6 所示)，且随着 N 含量的增加而逐渐加深。

　　N、Ar 气氛中制备的 ITO 薄膜的厚度及方阻分别通过台阶仪和四探针测得，并通过薄膜电阻率计算公式(2−33)计算得到 ITO 薄膜的电阻率，见

表7-1 N、Ar 气氛制备 ITO 薄膜的工艺参数

影响因素	沉积条件
ITO 靶材/wt. %	90 In_2O_3 – 10 SnO_2
靶基距/mm	70
本底真空/Pa	8.0×10^{-4}
基底温度/℃	25
溅射气压/Pa	0.4
溅射功率/W	100
溅射时间/h	1
N:Ar/sccm	7:38、9:36、11.5:33.5、13.5:31.5

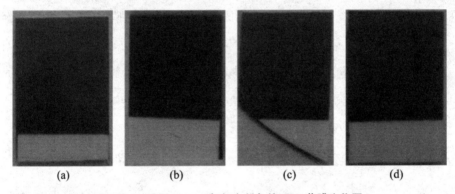

图7-6 不同 N、Ar 气氛中制备的 ITO 薄膜实物图

N:Ar 比例分别为(a) 7:38 (b) 9:36 (c) 11.5:33.5 (d) 13.5:31.5

表7-2 所列。由表7-2 分析得知,在 N、Ar 气氛中制备的 ITO 薄膜的厚度、方阻及电阻率随着 N 含量的增加呈现先减小,再增加的趋势。在相同沉积时间内 N:Ar = 7:38 气氛中制备的 ITO 薄膜的厚度最厚,表明具有较快的沉积速率,而且制备的 ITO 薄膜的电阻率也最大。根据磁控溅射镀膜原理分析可知,较快的沉积速率会使薄膜中存在大量的缺陷,导致薄膜的电阻率上升,致使沉积薄膜的质量下降。在 N:Ar = 9:36 气氛中制备的 ITO 薄膜厚度最薄,电阻率也最小,相对较为致密。致密的结构将有助于提高其电学稳定性。

表7-2　N、Ar气氛中制备的ITO薄膜的厚度、方阻及电阻率

样品编号	N∶Ar 流量比/ sccm	膜厚/ nm	方阻/ (Ω/□)	电阻率/ μΩ·cm
N-1	7∶38	878.5	35.9	3.16×10^3
N-2	9∶36	558.5	26.0	1.45×10^3
N-3	11.5∶33.5	593.2	26.0	1.54×10^3
N-4	13.5∶31.5	563.3	27.4	1.54×10^3

7.2.1.2　O、Ar 气氛制备 ITO 薄膜

ITO 为 N 型氧化物半导体材料，其导电机制是主要依靠内部的氧空位进行导电的。较高的氧浓度将减小 ITO 薄膜内部的氧空位，导致 ITO 薄膜具有较高的方阻[31]。因此，设计试验中的氧含量不能过高，O∶Ar 分别为 1∶44、3∶42、5∶40。沉积气压为 0.4 Pa，沉积功率为 100 W，沉积时间为 1 小时，具体制备工艺见表7-3 所列。随着掺杂氧气比例的增加，所得薄膜颜色由浅黄色逐渐变米黄色，如图7-7 所示。

表7-3　O、Ar 气氛制备 ITO 薄膜的工艺参数

影响因素	沉积条件
ITO 靶材/wt. %	90 In_2O_3 - 10 SnO_2
靶基距/mm	70
本底真空/Pa	8.0×10^{-4}
基底温度/℃	25
溅射气压/Pa	0.4
溅射功率/W	100
溅射时间/h	1
O、Ar 流量比/sccm	O∶Ar = 1∶44、3∶42、5∶40

为了更好地观察掺杂氧气对于 ITO 薄膜相关性能的影响，初步通过台阶仪和四探针法测对 O、Ar 气氛制备的 ITO 薄膜进行基本的评估。薄膜方阻和膜厚，以及电阻率见表7-4 所列。其中 O∶Ar = 3∶42 时，ITO 薄膜的沉积速率最

小，而方阻却最大。可能原因是薄膜厚度较薄，薄膜内部存在纳米尺寸效应。
但是 O、Ar 气氛中制备的 ITO 薄膜的电阻率整体偏大，在十的八次方数量级。
O、Ar 气氛中制备的 ITO 薄膜的电阻率相比 N、Ar 气氛中制备的 ITO 薄膜的电
阻率较大，可能原因是制备气氛中的 O 占据了 ITO 薄膜中的 O 空位，但是 ITO
薄膜电阻率增加，导电性减弱。

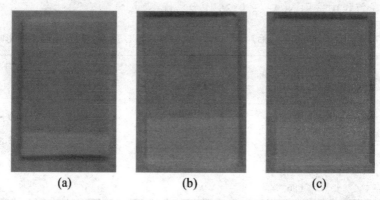

图 7 - 7　不同 O、Ar 气氛中制备的 ITO 薄膜实物图

O: Ar 比例分别为(a) 1:44　(b) 3:42　(c) 5:40

表 7 - 4　O、Ar 气氛中制备的 ITO 薄膜的厚度、方阻及电阻率

样品编号	O：Ar 流量比/	膜厚/	方阻/	电阻率/
	sccm	nm	$\Omega/\square$	$\mu\Omega \cdot cm$
O - 1	1:44	457.1	7.4×10^6	3.4×10^8
O - 2	3:42	346.1	1.2×10^7	4.0×10^8
O - 3	5:40	517.5	5.3×10^6	2.7×10^8

7.2.2　大气退火对 ITO 薄膜电学性能的影响

7.2.2.1　大气退火对 N、Ar 气氛中制备的 ITO 薄膜电学性能的影响

针对 N、Ar 环境中制备的 ITO 薄膜，分别在大气氛围中进行了两次 800℃
高温退火 2 h 研究其方阻及电阻率的变化，见表 7 - 5 所列(假定退火前后 ITO
薄膜厚度未变化)。退火后样品由原来的棕色变为浅黄色(见图 7 - 8)。同时对
比方阻及电阻率显示，经过第一次退火后，所有样品的电阻率均增加，可能原

因，一方面是：高温退火使 N、Ar 气氛中制备的 ITO 薄膜出现部分结晶或者择优生长[174]。另一方面是：ITO 薄膜中的氧空位在 800 ℃大气退火时逐渐被空气中的氧所填充。经过第二次退火后，N: Ar = 9: 36 的样品方阻和电阻率没有发生较大变化外，其他样品的方阻和电阻率均出现不同程度的增加。因此试验结果表明，在 N: Ar = 9: 36 的气氛中制备的 ITO 薄膜具有较好的稳定性。因此 N、Ar 气氛中选用 N: Ar = 9: 36 作为最优参数。

表 7 – 5　大气 800 ℃退火后对 N、Ar 气氛制备的 ITO 薄膜方阻及电阻率的影响

样品编号	方阻 2/ (Ω/□)	方阻 3/ (Ω/□)	电阻率 2/ (μΩ·cm)	电阻率 3/ (μΩ·cm)
N – 1	102.2	117.5	5.8×10^3	6.6×10^3
N – 2	75.1	75.1	4.2×10^3	4.2×10^3
N – 3	78.8	89.8	6.9×10^3	7.9×10^3
N – 4	86.9	96.1	5.2×10^3	5.7×10^3

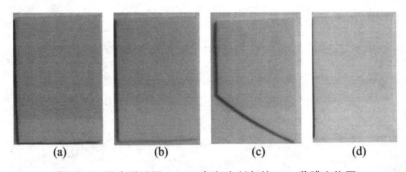

图 7 – 8　退火后不同 N、Ar 气氛中制备的 ITO 薄膜实物图

N: Ar 比例分别为(a) 7: 38　(b) 9: 36　(c) 11.5: 33.5　(d) 13.5: 31.5

针对以上试验结果，利用金属掩膜版，在高纯 Al_2O_3 基底，以 N: Ar = 9: 36 制备的 ITO 为应变敏感栅，同时为了提高高温银浆的黏附性，以 PdCr 为电极制备的 ITO 薄膜应变计结构图如图 7 – 9 所示。在大气 800 ℃退火 2 h 后进行了 2 次从室温加热到 800 ℃的热循环测试，验证 ITO 薄膜应变计的重复性。

在 N: Ar = 9: 36 制备的 ITO 薄膜应变计在从室温到 800 ℃热循环测试结果如图 7 – 10 所示。ITO 薄膜应变计具有良好的重复性。同时，在热循环过程中，ITO 薄膜应变计的电阻随温度升高而减小，表明 ITO 具有负电阻温度系数。而且在温度低于 500 ℃时，电阻减小趋势较为缓慢，但是温度高于 500

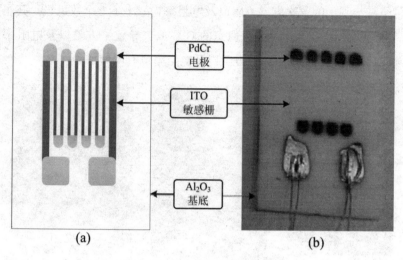

图 7 – 9　ITO 薄膜应变计结构图

（a）示意图　（b）实物图

℃，电阻随温度减小趋势相对较剧烈，两段基本上呈现变化趋势。根据前两次热循环数据，通过电阻温度系数公式（2 – 18）计算的 TCR 在 500 ℃之前约为 – 323 ppm/℃，在 500 ℃之后约为 – 1333 ppm/℃。

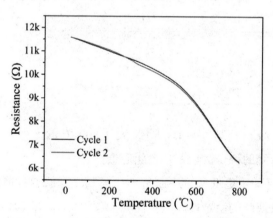

图 7 – 10　在 N: Ar = 9:36 制备的 ITO 薄膜应变计电阻随温度变化关系

7.2.2.2　大气退火对 O、Ar 气氛中制备的 ITO 薄膜电学性能的影响

对在 O、Ar 气氛之中制备的 ITO 薄膜也分别在大气 800 ℃进行了两次退火，退火后的样品颜色变为半透明（如图 7 – 11 所示）。通过四探针测试退火后样品的方阻并计算电阻率，研究退火对其方阻及电阻率稳定性影响。测试结果见表 7 – 6 所列。对比显示，第一次退火后，ITO 薄膜的电阻率从十的八次

方数量级减小到十的三次方。方阻以及电阻率均减小了五个数量级。其主要原因是高温退火致使 ITO 薄膜中亚稳态的 O 释放，导致了方阻以及电阻率的减小。第二次退火后，ITO 薄膜的方阻以及电阻率也有所增加。

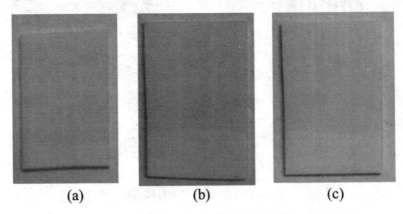

(a)　　　　　　　　(b)　　　　　　　　(c)

图 7 – 11　退火后不同 O、Ar 气氛中制备的 ITO 薄膜实物图

O: Ar 比例分别为(a) 1:44　(b) 3:42　(c) 5:40

表 7 – 6　大气 800℃退火后对 O、Ar 气氛制备的 ITO 薄膜方阻及电阻率的影响

样品编号	方阻 2/ ($\Omega/\square$)	方阻 3/ ($\Omega/\square$)	电阻率 2/ ($\mu\Omega \cdot cm$)	电阻率 3/ ($\mu\Omega \cdot cm$)
O – 1	45.4	51.1	2.1×10^3	2.3×10^3
O – 2	87.7	131.6	3.0×10^3	4.6×10^3
O – 3	23.6	324.7	1.2×10^3	1.7×10^4

通过对 O、Ar 气氛制备的 ITO 薄膜大气 800 ℃退火得知，在 O、Ar 气氛中制备的 ITO 薄膜的稳定性较差。因此猜想：

1. 在含氧百分比更低气氛中制备 ITO 薄膜，降低 ITO 薄膜中亚稳定状态氧含量提高 ITO 薄膜的稳定性和重复性；

2. 在含氧百分比更高气氛中制备 ITO 薄膜，让 ITO 薄膜中亚稳定状态氧转变为稳定状态提高 ITO 薄膜的稳定性和重复性。因此设计以下六组不同 O、Ar 试验(见表 7 – 7)，并通过热循环验证其稳定性和重复性。

对 O – 4 至 O – 6 样品分别在室温加热 800 ℃并在 800 ℃保温 5 h 进行热循环测试。低氧含量 ITO 薄膜应变计热循环测试结果如图 7 – 12 所示。在六次热循环过程中，除了纯氩环境中制备的 ITO 薄膜应变计的室温电阻没有超出

表 7 – 7 不同 O、Ar 气氛制备 ITO 薄膜的工艺参数

	样品编号	O: Ar 流量比/sccm	氧含量/%
低氧含量	O – 4	O: Ar = 0: 50	0
	O – 5	O: Ar = 1: 49	2
	O – 6	O: Ar = 2: 48	4
高氧含量	O – 7	O: Ar = 10: 40	20
	O – 8	O: Ar = 12. 5: 37. 5	25
	O – 9	O: Ar = 15: 35	30

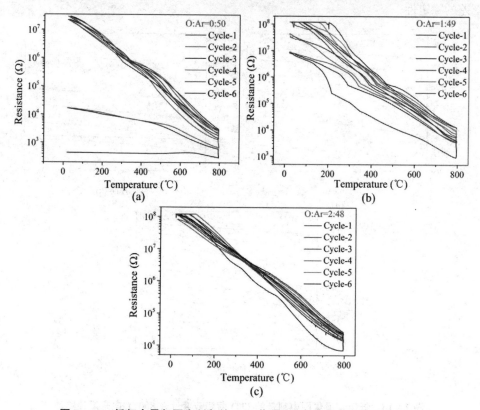

图 7 – 12 低氧含量氛围中制备的 ITO 薄膜应变计电阻随温度变化关系

O: Ar 比例分别为(a) 0: 50 (b) 1: 49；(c) 2: 48

Keithley 2750 数字原表的量程(120 MΩ)，如图 7 – 12(a)所示。而氧含量为 2% 和 4% 的 ITO 在经过两次热循环后，室温电阻均超过测试仪器的量程。整体而言，该结构的 ITO 应变计的电阻随温度为指数关系，随温度的增加而减小。测试结果表明，在低氧含量气氛中制备的 ITO 薄膜应变计重复性较差。

低氧含量氛围中 ITO 薄膜应变计电阻在 800℃ 保温五小时的电阻漂移特性如图 7 – 13 所示。从图中可以看到，低氧含量环境制备的 ITO 应变计的电阻，在单次保温时间中，电阻随保温时间增加而缓慢增加；随着循环次数的增加，电阻也逐渐增加。纯氩环境中［如图 7 – 13(a) 所示］，800 ℃ 时的初始电阻有原来的约为 250 Ω 增加到 3000 Ω，增加了 11 倍，含氧量为 1% 和 2% 的 ITO 薄膜应变计电阻的增加量分别为 11 和 2.3［如图 7 – 13(b) 和 (c) 所示］。相比，2% 的电阻增加量最少，而且循环次数的增加，2% 的 ITO 应变计在 800℃ 的电阻漂移有减小的趋势。测试结果表明，低氧分压制备的 ITO 薄膜应变计具有较差的稳定性。

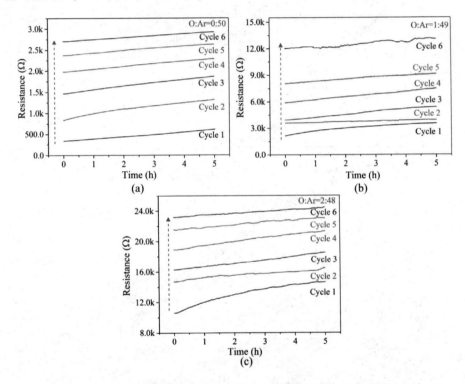

图 7 – 13　低氧含量氛围中制备的 ITO 薄膜应变计在 800 ℃ 电阻漂移特性

O: Ar 比例分别为(a) 0:50　(b) 1:49　(c) 2:48

对高氧含量 ITO 薄膜应变计也进行同样的热循环测试，测试结果如图 7 – 14 所示。表明高氧含量 ITO 薄膜应变计和低氧含量 ITO 薄膜应变计具有类似的电阻温度关系，应变计的电阻随温度均呈现指数变化关系，初始电阻都比较大(> $5 \times 10^7 \Omega$)。ITO 薄膜应变计的电阻随温度变化出现波动，而且随着含氧量的增加，电阻波动逐渐增大。测试结果表明，高含氧量制备的 ITO 薄膜应变计也表现出较差的重复性。

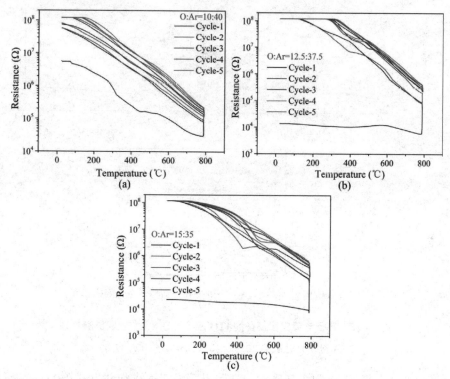

图 7 – 14　高氧含量氛围中制备的 ITO 薄膜应变计电阻随温度变化关系。

O: Ar 比例分别为(a) 10:40　(b) 12.5:37.5　(c) 15:35

　　高氧含量氛围中 ITO 薄膜应变计在 800 ℃ 电阻漂移特性如图 7 – 15 所示。在保温过程中，电阻均随保温时间和循环次数的增加而增加，增加量分别为 6，58 和 40 倍。而随着氧含量的增加 ITO 应变计保温电阻出现波动，可能是由于氧含量过高造成的 ITO 薄膜结构缺陷增加，导致保温时，电阻有波动。测试结果表明，高含氧量制备的 ITO 薄膜应变计也表现出较差的稳定性。

7.2.3　ITO 薄膜应变计的制备

　　ITO 薄膜应变计是以高纯 Al_2O_3 陶瓷(80 mm × 20 mm × 0.5 mm)基底，N: Ar = 9:36 制备的 ITO 为敏感栅，而为了提高高温银浆的附着性，采用 PdCr 作为电极和焊接盘构成如图 7 – 16 所示应变计。并采用悬臂梁测试方法(见图 2 – 7)测试 ITO 薄膜应变计的电阻随应变响应关系。在薄膜应变计正背面粘贴

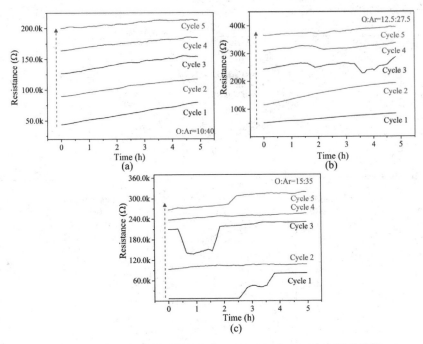

图 7 – 15　高氧含量氛围制备的 ITO 应变计在 800℃电阻漂移特性

O: Ar 比例分别为(a) 10:40　(b) 12.5:37.5　(c) 15:35

标准应变计，将 Al_2O_3 陶瓷基底的一端固定，采用逐步加载方式(50 $\mu\varepsilon$)通过螺旋测微计旋进给基底另一端(自由端)施加力使其产生应变，最大加载至 500 $\mu\varepsilon$，记录 BZ2205 程控静态电阻应变仪应变示数和对应螺旋测微计刻度，并以此作为依据测试高温应变。

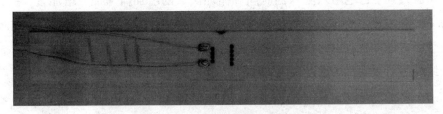

图 7 – 16　ITO 薄膜应变计实物图

7.2.4　ITO 薄膜应变计的标定

在 N: Ar =9:36 环境制备的 ITO 薄膜应变计测试结果如图 7 – 17 所示。在室温环境下(25 ℃)，薄膜应变计的电阻随应变具有较好的对应关系，而且在应变保持不变时，应变计电阻也不变[如图 7-17(a)所示]，随着应变的增加，电阻逐渐减小，根据应变灵敏系数计算公式(2-26)算得 GF 约为 -2.47。随后将测试温度升至 400 ℃，在应变保持不变时，ITO 薄膜应变计的电阻在应变为 0 με 和 500 με 时保持水平，但中间测试出现应变计的电阻有减小的趋势[如图 7-17(b)]所示，表明：在高温时，ITO 薄膜应变计存在较大的电阻漂移，但其电阻随时间变化关系进行线性拟合后，表明电阻在拟合曲线两侧变化。利用应变为 0 με 和 500 με 时的电阻计算得到 GF 为 -4.18。但是因为电阻持续性漂移，需对 ITO 薄膜制备工艺进行进一步研究。

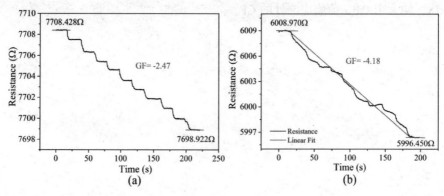

图 7-17 ITO 薄膜应变计不同温度的标定

(a) 25 ℃ (b) 400 ℃

7.3 本 章 小 结

为了测得弹性基体材料受到单轴作用力时，其垂直于轴向方向的压缩应变，本章设计两个结构相同且相互垂直的单臂构成 90°PdCr 薄膜应变花，对其敏感特性进行了初步研究。同时为了提高薄膜应变计的 GF，采用半导体 ITO 应变敏感材料制备了 ITO 薄膜应变计。通过静态标定得到以下主要结论。

1. 90°PdCr 薄膜应变花：在 25 ℃ 和 600 ℃ 对 90°PdCr 薄膜应变花标定结果表明，沿轴向单臂 R_1 电阻随应变增加而逐渐增大，而单臂 R_2 电阻则逐渐减小，符合弹性材料体积变化关系。且单臂 R_1 相对电阻变化随应变呈线性增加关系，标定得到单臂 R_1 在 25 ℃ 和 600 ℃ 的 GF 分别为 1.57 和 2.12。再根据单臂 R_2 的电阻变化可以计算得到垂直于轴向力的压缩应变。同时，90°PdCr 薄膜应变花从 25 ℃升温至 600 ℃以及在 600 ℃保温的 1 h 阶段，单臂 R_1 和单臂 R_2 具有相同的电阻温度系数和平均电阻漂移率，表明单臂 R_1 和单臂 R_2 具有相同的电学性能。

2. ITO 半导体薄膜应变敏感材料：为了提高薄膜应变计的 GF，探究了采用半导体 ITO 作为应变敏感材料制备的 ITO 薄膜应变计。采用不同比例的 N、Ar 和 N、O 两种混合气分别制备了 ITO 薄膜，并通过重复性研究显示，N: Ar =9:36 气氛制备的 ITO 薄膜具有较好的重复性。进而对 N: Ar = 9:36 制备的 ITO 薄膜应变计在 25 ℃ 和 400 ℃进行静态标定，其 GF 分别为 – 2. 47 和 – 4. 18，均大于 PdCr 薄膜应变计的 GF。

第八章　结论与展望

8.1　研究工作总结

本书开展了有关航空发动机涡轮叶片等热端部件薄膜应变计的制备研究，包括薄膜应变计的过渡层、绝缘层、敏感层和防护层的结构及性能研究。获得的主要结论如下。

1. 为了解决航空发动机基底与薄膜应变计之间的结构匹配和热匹配问题，首先研究了过渡层 NiCrAlY 薄膜通过"析铝氧化"构成金属到氧化物渐变过渡层，结果表明，过渡层可以有效增强航空发动机基底与薄膜应变计之间的结合强度，同时热氧化生成的致密热氧化层（TGO）有利于提高薄膜应变计与基底之间的电绝缘性能。

采用直流磁控溅射制备方法在抛光、清洗后的镍基高温合金表面沉积厚度约为 16 μm 的 NiCrAlY 过渡层薄膜。随后将 NiCrAlY 薄膜放置于真空 1 050 ℃进行 6 h 析铝处理，使 NiCrAlY 薄膜表面形成"富 Al"层，并在 1 050 ℃通入高纯氧氧化形成 TGO 层，构成"NiCrAlY 金属薄膜 – 富 Al – TGO 层"的过渡结构，实现由金属相到陶瓷相的过渡转变，减小金属相与表层陶瓷相因热失配引起的内应力，提高附着性。而氧化形成的 TGO 层对薄膜应变计的绝缘效果具有影响。通过研究氧化过程中分别氧化 3 h、6 h 和 12 h 得到不同厚度的 TGO 层。微观结构表明，随着氧化时间的增加，TGO 层结构逐渐致密化。而绝缘性测试结果表明，随着氧化时间的增加，绝缘电阻逐渐增加。氧化 6 h 的绝缘电阻比氧化 3 h 提高了一倍，而氧化 12 h 和氧化 6 h 的绝缘电阻提高不多。主要原因是，随着表面 TGO 的形成，表面 TGO 层将抑制下层金属相的氧化。但在 800 ℃时，TGO 层的绝缘电阻只有 2 kΩ，需在其表面继续研究绝缘层结构。

2. 在优化后的 TGO 表面利用多层多元氧化物薄膜构成复合绝缘层，提高高温绝缘性能。

首先，采用直流反应溅射制备 YSZ 和 Al_2O_3 薄膜构成多层多元结构绝缘层，通过同样厚度的单层 Al_2O_3、双层 YSZ/Al_2O_3、四层 YSZ/Al_2O_3/YSZ/Al_2O_3 绝缘层微观形貌图，表明 YSZ 薄膜和 Al_2O_3 薄膜连接紧密，界面清晰，在界面处及膜层中没有明显的裂纹等缺陷。绝缘测试结果表明，随着多层结构绝缘层界面的增加，绝缘电阻逐渐增加，四层 YSZ/Al_2O_3/YSZ/Al_2O_3 绝缘层的绝缘电阻相比单层 Al_2O_3 绝缘层提高了两个数量级。而在 800 ℃ 时的绝缘电阻分别为 1.5 kΩ、40 kΩ 和 200 kΩ。其主要原因是在薄膜制备过程中，单层绝缘层薄膜内部存在贯穿整个绝缘层薄膜的缺陷而形成导电离子通道。而多层结构就可以通过不同薄膜之间的界面势垒阻断导电离子通道，达到提高绝缘性的目的。由绝缘电阻并联分流模型讨论，单层结构到四层结构绝缘层在 800 ℃ 的绝缘电阻导致的电阻相对误差由 7.5% 减小至 0.06%，由此引起的应变误差也由 37 037 με 减小至 300 με。

同时，研究了在优化后的 TGO 层表面，采用电子束蒸发 MgO 薄膜，进而构成了 TGO/MgO 双层绝缘层。研究表明，不同基底温度制备的 MgO 具有不同的结构。基底温度由室温(25 ℃)升至 300 ℃ 时，MgO 薄膜逐渐致密化，且表现出 [111] 晶向生长趋势。绝缘性测试结果表明，在 300 ℃ 制备的 MgO 薄膜的绝缘性比在室温制备的提高了一个数量级，在测试温度为 1 000 ℃ 时，TGO/MgO - 300 和 TGO/MgO - 25 的绝缘电阻分别为 0.3 MΩ 和 1.5 MΩ，主要归因于较高的基底温度具有更加致密的微观结构。同时，采用漏电流测试对 TGO/MgO - 300 从 25 ~ 1 000 ℃ 的绝缘机理进行了探究。通过热力学分析并对其绝缘机理进行讨论得知，TGO/MgO - 300 双层绝缘层在室温电导率较低，且电导率随温度具有较低的依赖关系，即具有较低的电导激活能，使其在高温环境中依然具有较高的绝缘电阻。在经过四次从 25 ℃ 升温至 1 000 ℃ 并在 1 000 ℃ 保温 2 h 的热循环后，TGO/MgO - 300 在 1 000 ℃ 的绝缘电阻仍然具有 0.55 MΩ。

3. 制备 PdCr 薄膜作为应变敏感层，研究了厚度及退火对其电学性能的影响。

采用直流磁控溅射方法对 PdCr 应变敏感材料的制备工艺进行优化，优化后的制备工艺为：沉积气压 0.4 Pa，溅射功率 80 W，基底温度为 400 ℃。采用优化后的沉积速率约为 47 nm/min。随后探究了不同厚度对 PdCr 薄膜方阻、电导率、电阻温度系数等电学性能的影响，表明随着厚度的增加，其电学性能逐渐趋于稳定，厚度为 933 nm 的 PdCr 薄膜应变计具有较好的重复性和稳定性。且在真空 800 ℃退火 2 h 后，PdCr 薄膜具有更好的结晶度，使其在大气 800 ℃的平均电阻漂移率由 − 0. 126 %/h 减小为 − 0. 065 %/h，约为原来的一半，具有更好的高温稳定性。

4. 为了提高薄膜应变计敏感材料的高温抗氧化性，研究了电子束蒸发制备 $Al_2O_3 - ZrO_2/Al_2O_3$ 异质结构防护层。

针对 PdCr 薄膜应变计的高温抗氧化性，对比了单层 Al_2O_3 薄膜防护层、复合 $Al_2O_3 - ZrO_2$ 薄膜防护层和异质结构 $Al_2O_3 - ZrO_2/Al_2O_3$ 薄膜防护层。研究表明，采用电子束蒸发制备的 Al_2O_3 和 $Al_2O_3 - ZrO_2$ 薄膜表面结构均匀致密，而且相比于 Al_2O_3、$Al_2O_3 - ZrO_2$ 粒径更加细小，使 $Al_2O_3 - ZrO_2$ 薄膜结构更加致密。此外，不同结构的防护层之间以及防护层与 PdCr 薄膜之间界面清晰，且各薄膜层之间连接紧密，在界面处没有明显的微裂纹等缺陷。

不同结构的防护层与没有防护层的 PdCr 薄膜应变计在 25 ~ 800 ℃升温阶段对比表明，没有防护层的 PdCr 薄膜电阻在 25 ~ 600 ℃之间随温度升高呈现线性增加，而在 600 ~ 800 ℃电阻则急剧增加。在 800 ℃保温的 15 h 内，前两个小时，电阻急剧减小，随后随保温时间的增加逐渐趋于平稳；而具有防护层的 PdCr 薄膜应变计的电阻在整个升温阶段都随温度而线性增加，在 800 ℃保温的 15 h 内，电阻随保温时间呈现线性增加趋势。$PdCr + Al_2O_3$、$PdCr + Al_2O_3 - ZrO_2$ 和 $PdCr + Al_2O_3 - ZrO_2/Al_2O_3$ 应变计的平均电阻漂移率分别约为 0. 15 %/h、0. 11 %/h 和 0. 09 %/h。表明异质 $Al_2O_3 - ZrO_2/Al_2O_3$ 防护层的 PdCr 薄膜应变计具有最小的电阻漂移率。XRD 测试显示，没有防护层的 PdCr 薄膜在 800 ℃保温 15 h 后其表面形成了明显的 Cr_2O_3 和 PdO 峰，表明 PdCr 薄膜在 800 ℃发生了氧化。而具有防护层的 PdCr 薄膜仅探测到微弱的 Cr_2O_3 和 PdO 峰，表明防护层具有较好的防护效果。

对不同结构防护层进行重复性试验，$PdCr + Al_2O_3$、$PdCr + Al_2O_3 - ZrO_2$ 和 $PdCr + Al_2O_3 - ZrO_2/Al_2O_3$ 应变计电阻重复性相关系数分别为 0. 9978、0. 9988 和 0. 9995，其均方根误差分别为 0. 1653%、0. 1238% 和 0. 0792%。表明 PdCr $+ Al_2O_3 - ZrO_2/Al_2O_3$ 应变计具有最优的重复性以及最小的均方根误差。因此，异质 $Al_2O_3 - ZrO_2/Al_2O_3$ 防护层具有更优异的防护效果。其主要原因是，复合 $Al_2O_3 - ZrO_2$ 薄膜结构更加致密，而且 Al_2O_3 与 $Al_2O_3 - ZrO_2$ 薄膜之间界面势垒进一步阻断了氧离子的渗透通道，抑制了 PdCr 薄膜的氧化。

5. 采用静态标定系统对制备在 K465 镍基高温合金基底上的 PdCr 薄膜应变计进行静态标定。测试结果显示，PdCr 薄膜应变计的电阻随应变呈线性增加。在 25 ℃、400 ℃、600 ℃ 和 800 ℃ 标定得到的 GF 分别为 1.78、1.94、2.03 和 2.13。而不同温度电阻应变响应曲线的重复性拟合系数（R^2）分别为 0.998、0.995、0.995 和 0.956，其误差分别为 1.2%、2.1%、2.1% 和 5.5%，表明 PdCr 薄膜应变计具有较好的重复性。

6. 在平板型动态试件和某型号涡轮叶片动态测试过程中，PdCr 薄膜应变计的电阻周期性波动和振动台振动频率是相同的，随后对不同加速度获得的电阻进行 FFT 分析，建立了基于频域处理的动应变分析方法，得到动态电阻变化。表明电阻变化振幅值出现所得到的分析频率与振动台施加的频率保持一致，且随着加速度的增加而呈现抛物线方式增加，证明 PdCr 薄膜应变计具有足够快的响应速度。另外，不同加速度下，PdCr 薄膜应变计电阻变化量与同步采用激光位移传感器测得的振幅呈线性关系，证明了测试结果的有效性。结合静态标定得到的 PdCr 薄膜应变计的 GF 以及应变计算公式就可以计算出不同加速度下的应变。

7. 采用冷热冲击试验和高空台模拟试验对多层结构的 PdCr 薄膜应变计进行可靠性测试。测试后 PdCr 薄膜应变计结构仍然保持完整，无明显开裂、脱落、起皮等现象。表明在高温、高强度热冲击和强振动环境中，PdCr 薄膜应变计与航空发动机涡轮叶片结合强度高，具有较高的可靠性。

8. 初步研究了结构相同且相互垂直的两个单臂构成 90° PdCr 薄膜应变花测量弹性基底材料在受到轴向拉应力时，其垂直于轴向的压缩应变情况。标准拉伸试样测试结果表明，试样拉伸时，拉伸方向张应变增加，而横向压应变则减小，符合弹性材料体积变化关系。此外，为了提高薄膜应变计的 GF，探究了采用半导体 ITO 为应变敏感材料制备的 ITO 薄膜应变计。采用不同比例的 N、Ar 和 N、O 两种混合气分别制备了 ITO 表明，并通过重复性研究显示，N: Ar = 9: 36 气氛制备的 ITO 薄膜具有较好的重复性。进而对 N: Ar = 9: 36 制备的 ITO 薄膜应变计在 25 ℃ 和 400 ℃ 进行静态标定，其 GF 分别为 − 2.47 和 − 4.18，均大于 PdCr 薄膜应变计的 GF。

8.2 研究创新点

1. 利用多层多元氧化物结构界面效应，设计制备了多层结构绝缘层，有效提高了高温绝缘性能；并探究了氧化物薄膜高温绝缘机理，为高温绝缘性能研究提供了理论基础。

2. 提出了一种以高温初始电阻为基点、以高温电阻变化量为参量的应变解析方法，避免了高温应变计以常温电阻为基点而引入的视应变误差；并建立了基于频域分析的动应变分析方法，可以减小敏感元因高温电阻漂移而引入的零点漂移误差，提高了应变测试准确度。

3. 率先将薄膜应变计制备在航空发动机涡轮叶片等高温部件表面上，为实现涡轮叶片的高温高周动态应变测量提供了一种可行的技术方案。

8.3 研究前景展望

本研究以镍基高温合金为基底制备出具由过渡层、绝缘层、敏感层和防护层等四大部分构成的薄膜应变计，并对各部分的制备工艺及性能开展了大量的研究，为航空发动机涡轮叶片等热端部件表面原位应力、应变检测提供了一定的理论和技术支撑。但是在实际应用过程中，仍有许多工作需要进一步研究。

1. 为了减小金属基底和陶瓷绝缘层之间因结构失配和热失配引起的内应力，确保应变敏感层和基底之间的附着性，本书中采用 1 050 ℃高温氧化处理形成渐变过渡结构。但是长时间高温氧化处理严重影响基底材料的力学性能和机械性能。而采用氧离子注入方式构建渐变过渡结构，实现从金属基底到陶瓷绝缘层的渐变过渡，而且一体化的结构生长进一步提高薄膜传感器的附着性[175]。

2. 本书中探究了 ITO 薄膜的制备工艺，初步测试在室温到 400 ℃时，ITO 薄膜应变计的 GF 比 PdCr 应变薄膜的 GF 更大，但是在更高测试温度时，ITO 薄膜应变计表现出较大的电阻漂移，需继续优化 ITO 薄膜的制备工艺，制备出具有良好重复性和稳定性的 ITO 薄膜，以满足更高温度(> 1 000 ℃)的应变测试需求。

3. 在叶片高温高周动应变测试过程中，PdCr 薄膜应变计的电阻无规律波动较大，可能原因是裸露的引线易受环境和测试设备信号的干扰，因此还需要探寻更加完善的测试方法以提高动态应变测试精度。而引线薄膜化方案为引线信号抗干扰提供可行性，但大角度拐角处电绝缘性的可靠性以及引线的图形化方案为下一步需研究的重点。

4. 采用可印刷高温银导电浆料作为黏结剂时，使得 PdCr 薄膜应变计的静态标定和动态测试温度被限定到 800 ℃。在后续研究中可采用可印刷铂导电浆料做黏结剂或引线薄膜化方案将焊接点引导至低温区，以实现 PdCr 薄膜应变计更高温度的应变测试需求。

参 考 文 献

［1］ VOLPONI A J. Gas turbine engine health management：past，present，and future trends［J］. Journal of Engineering for Gas Turbines and Power，2014，136(5)：51201.

［2］ 陶春虎，钟培道，王仁智，等. 航空发动机转动部件的失效与预防［M］. 北京：国防工业出版社，2008：6－9.

［3］ 沈阳仪器仪表研究所传感元件组. 箔式应变片工艺简介［J］. 仪器仪表通讯，1972(05)：1－4.

［4］ ULRICH N，WILFRIED M. Strain gauge foil for the measurement of elastic deformations in orthopedic milling tools［C］//2008 IEEE SENSORS. Lecce，Italy，2008：1476－1479.

［5］ 尹福炎. 金属箔式应变片制作工艺原理［M］. 北京：国防工业出版社，2011：107－111.

［6］ GWIY-SANG C. Characteristics of Tantalum nitride thin film strain gauges for harsh environments［J］. Sensors and Actuators a：Physical，2007，135(2)：355－359.

［7］ YANG S Y，ZHANG C C，WANG H，et al. An in-situ prepared synchronous self-compensated film strain gage for high temperature［C］//IEEE 30th International Conference on Micro Electro Mechanical Systems，2017：1021－1024.

［8］ MAO X L，LIU H，XU J H，et al. Surface Reconstruction of Co_3O_4/rGO heterointerface enabling high-performance asymmetric supercapacitors［J］. Journal of Energy Storage，2024，102(A)：114128.

［9］ MAO X L，LIU H，NIU T T，et al. Tea guiding bimetallic MOF with oriented nanosheet arrays for High-Performance asymmetric supercapacitors［J］. Polymers，2024，16(22)：3198.

［10］ MAO X L，HE X，XU J H，et al. Three-dimensional reduced graphene oxide/poly（3,4-ethylenedioxythiophene）composite open network architectures for microsupercapacitors[J]. Nanoscale Research Letters, 2019, 14: 267.

[11] 杨兴华, 杨子翼, 苏海津, 等. 基于 SRAM 的感存算一体化技术综述[J]. 电子与信息学报, 2023, 45(08): 2828 – 2838.

[12] 刘豪, 朱益辰, 毕荣, 等. 冲击波超压时基同步存储测试技术[J]. 现代电子技术, 2025, 48(6): 1 – 8.

[13] 朱益辰, 魏志明, 刘豪, 等. 基于故障树分析法的某控制系统故障与可靠性研究[J]. 现代电子技术, 2024, 47(22): 1 – 6.

[14] 陈华, 叶东, 陈刚, 等. 遗传算法的数字图像相关搜索法[J]. 光学精密工程, 2007(10): 1633 – 1637.

[15] PETERS W H, RANSON W F. Digital imaging techniques in experimental stress analysis[J]. Optical Engineering, 1982, 21(3): 427 – 431.

[16] 代坤. 数字图像相关测量方法及试验研究[D]. 长沙: 长沙理工大学, 2014: 11 – 15.

[17] 王永洪, 张明义, 张春巍, 等. 增敏微型 FBG 应变传感器设计[J]. 传感器与微系统, 2017, 36(12): 78 – 79,83.

[18] 易飞飞, 田石柱, 邱伟宸. 光纤布拉格光栅（FBG）宏应变传感器的制作及测量实验研究[J]. 苏州科技大学学报（工程技术版）, 2017, 30(01): 7 – 12.

[19] 王志国. 光纤 Bragg 光栅应变检测技术研究[D]. 南京: 南京理工大学, 2011.

[20] RAYLEIGH L. On waves propagated along the plane surface of an elastic solid[J]. Proceedings of the London Mathematical Society, 1885, s1 – 17(1): 4 – 11.

[21] WHITE R M, VOLTMER F W. Direct piezoelectric coupling to surface elastic waves[J]. Applied Physics Letters, 1965, 7(12): 314 – 316.

[22] 王毅坚, 薛蕾峰, 梁勇, 等. 差分负载式无线无源声表面波应变传感器研究[J]. 压电与声光, 2018, 40(03): 374 – 378.

[23] SEIFERT F, WOLF-ECKHART B, RUPPEL C. Mechanical sensors based on surface acoustic waves[J]. Sensors and Actuators a: Physical, 1994, 44 (3): 231 – 239.

[24] 李平, 文玉梅, 黄尚廉. 声表面波谐振器型无源无线温度传感器[J]. 仪器仪表学报, 2003, 24(04): 403 – 405.

[25] 舒琳. 声表面波谐振器的高温无线传感特性研究[D]. 成都: 电子科技大学, 2016.

[26] 黄群坤, 苏睿. 激光引伸计[J]. 工程与试验, 2016, 56(04): 56 – 59.

[27] GRANT H P, PRZYBYSZEWSKI J S, ANDERSON W L, et al. Thin film strain gauge development[R]. United States: NASA: CR – 174707, 1983.

[28] WILLIAMS W D, LEI J F, REARDON L F, et al. High-temperature strain sensor and mounting development. United States: NASP: TM – 1186, 1996.

[29] LEI J F. The apparent strain stability and repeatability of a BCL3 resistance strain gage[R]. United States: NASA: CR – 187056, 1991.

[30] LEI J F. PdCr gauges measure static strain at high temperature[J]. Advanced Materials and Processes, 1992: 58 – 59.

[31] WU T T, MA L C, ZHAO L B. Development of temperature-compensated resistance strain gages for use to 700 ℃[J]. Experimental Mechanics, 1981, 21(3): 117 – 123.

[32] HULSE C O, BAILEY S R, LEMKEY D F. High temperature static strain gage alloy development program [R]. United States: NASA: CR – 174833, 1985.

[33] WRBANEK D J, FRALICK G. Thin film physical sensor instrumentation research and development at NASA Glenn research center[R]. United States: NASA: TM – 214395, 2006.

[34] DYER S E, GREGORY O J, AMONS P S, et al. Preparation and piezoresistive properties of reactively sputtered Indium Tin oxide thin films[J]. Thin Solid Films, 1996, 288(1): 279 – 286.

[35] GREGORY O J, CHEN X M, CRISMAN E E. Strain and temperature effects in indium-tin-oxide sensors[J]. Thin Solid Films, 2010, 518(19): 5622 – 5625.

[36] GREGORY O J, LUO Q, CRISMAN E E. High temperature stability of Indium Tin oxide thin films[J]. Thin Solid Films, 2002, 406(1/2): 286 – 293.

[37] GREGORY O J, YOU T. Piezoresistive properties of ceramic strain sensors

with controlled nanoporosity[C]//MRS Proceedings, 785, Cambridge: Cambridge University Press, 2003: D14.1.

[38] GREGORY O J, LUO Q. Ceramic strain gages for propulsion health monitoring[C]//19th Digital Avionics Systems Conference, 2. Philadelphia, PA, USA, 2000: 00CH37126.

[39] FRICKE S, ALOIS F, MUELLER G, et al. Strain gauge factor and TCR of sputter deposited Pt thin films up to 850 ℃ [C]//Sensors. Lecce, Italy, 2008: 1532 – 1535.

[40] WRBANEK D J, FRALICK G C. Developing multilayer thin film strain sensors with high thermal stability [R]. United States: NASA: TM – 214389, 2006.

[41] GREGORY O J, LUO Q. A self-compensated ceramic strain gage for use at elevated temperatures[J]. Sensors and Actuators a: Physical, 2001, 88 (3): 234 – 240.

[42] GREGORY O J, CHEN X M. A low TCR nanocomposite strain gage for high temperature aerospace applications[C]//2007 IEEE Sensors. Atlanta, GA, 2007: 624 – 627.

[43] PETERSEN M, HECKMANN U, BANDORF R, et al. Me-DLC films as material for highly sensitive temperature compensated strain gauges[J]. Diamond and Related Materials, 2011, 20(5 – 6): 814 – 818.

[44] MARTIN L C, WRBANEK J D, FRALICK G C. Thin film sensors for surface measurements[R]. United States: NASA: TM – 211149, 2001.

[45] 周勇. 涡轮叶片应变测量用 NiCr 薄膜应变计的研制[D]. 成都: 电子科技大学, 2014.

[46] 李超. 涡轮叶片应变测量用 TaN 薄膜应变计的研制[D]. 成都: 电子科技大学, 2014.

[47] 张洁. NiCrAlY 薄膜应变计的研制[D]. 成都: 电子科技大学, 2015.

[48] 杨晓东. PdCr 高温薄膜应变计的研制[D]. 成都: 电子科技大学, 2015.

[49] REN S, JIANG S W, LIU H, et al. Investigation of strain gauges based on interdigitated $Ba_{0.5}Sr_{0.5}TiO_3$ thin film capacitors[J]. Sensors and Actuators a: Physical, 2015, 236: 159 – 163.

[50] CUI J T, LIU H, LI X L, et al. Fabrication and characterization of Nickel thin film as resistance temperature detector[J]. Vacuum, 2020, 176：109288.

[51] 刘斐然, 汪振中, 刘兴钊. TaN 薄膜应变计[C]//2009 航空试验测试技术学术交流会, 28. 北京, 2009：262 –265.

[52] DALLY J W, RILEY W F. Experimental stress analysis[M]. 3rd ed. New York：McGraw Hill Book Company, 1991：164 –261.

[53] 尹福炎. 电阻应变计敏感材料的发展(上)[J]. 传感器世界, 1998, 4 (09)：9 –13.

[54] GILL H. Resistance strain gauges[J]. Students´Quarterly Journal, 1956, 26 (103)：143 –147.

[55] 尹福炎. 电阻应变片发展历史的回顾——纪念电阻应变片诞生 70 周年 (1938—2008)[J]. 衡器, 2009, 38(3)：51 –53.

[56] 闫好奎, 任建国. 电阻应变片的工作原理[J]. 计量与测试技术, 2013, 40(4)：12 –13.

[57] 夏祁寒. 应变片测试原理及在实际工程中的应用[J]. 山西建筑, 2008, 34(28)：99 –100.

[58] 韩凯, 左佳. 应变片横向效应对复合材料测量数据影响分析[J]. 国外电子测量技术, 2015(3)：19 –22.

[59] 孙辉, 韩玉龙, 姚星星. 电阻应变式传感器原理及其应用举例[J]. 物理通报, 2017(05)：82 –84.

[60] ENGBERG C J, ZEHMS E H. Thermal expansion of Al_2O_3, BeO, MgO, B_4C, SiC, and TiC above 1000 ℃[J]. Journal of the American Ceramic Society, 1959, 42(6)：300 –305.

[61] 戴胜岳. 浅谈二线法和四线法测量电阻的优缺点[J]. 科技资讯, 2012 (34)：232 –233.

[62] 尹福炎, 王成林. 减小箔式应变计热输出分散度的方法[J]. 衡器, 2004, 33(4)：9 –14.

[63] 沈观林. 电阻应变计的技术要求、试验方法及应变电测方法的应用技术 [C]//第 18 届全国结构工程学术会议. 中国 广州, 2009：608 –611.

[64] 杨南如. 无机非金属材料测试方法[M]. 武汉：武汉工业大学出版社,

1990：153 - 167.

[65] 马晓军, 马丽艳. 原子力显微镜在膜技术中的应用[J]. 天津科技大学学报, 2018, 33(4)：1 - 6, 73.

[66] 徐井华, 李强. 原子力显微镜的工作原理及其应用[J]. 通化师范学院学报(自然科学), 2013, 34(1)：21 - 24.

[67] 王富耻. 材料现代分析测试方法[M]. 北京：北京理工大学出版社, 2006：54 - 100.

[68] 潘峰, 王英华, 陈超. X 射线技术衍射[M]. 北京：化学工业出版社, 2016：198 - 203.

[69] 唐伟忠. 薄膜材料制备原理、技术及应用[M]. 第2版. 北京：冶金工业出版社, 2003.

[70] LEAVER K D, CHAPMAN B N. Thin films[M]. London：Wykeham Publications, 1971.

[71] KASAP S O. Principles of electronic materials and devices[M]. 3rd ed. New York, USA：McGraw-Hill, Inc., 2006：166 - 167.

[72] 李斌. 四探针薄层电阻测试仪的电路原理[J]. 河南科技, 2018(14)：45 - 47.

[73] 朱小平, 王蔚晨, 杜华, 等. 提升探针式台阶仪计量性能的研究与应用[J]. 计量技术, 2007(03)：39 - 41.

[74] 占美琼, 张东平, 杨健, 等. 石英晶体振荡法监控膜厚研究[J]. 光子学报, 2004, 35(3)：585 - 588.

[75] 赵双琦, 刘桂礼, 李东, 等. 石英晶片镀膜频率监控技术研究[J]. 真空科学与技术学报, 2008, 25(8)：437 - 440.

[76] KHAKZADIAN J, HOSSEINI S H, MADAR K Z. Cathodic arc deposition of NiCrAlY coating：oxidation behaviour and thermodynamic[J]. Surface Engineering, 2019, 35(8)：677 - 682.

[77] SHEN M L, ZHAO P P, GU Y, et al. High vacuum arc ion plating NiCrAlY coatings：microstructure and oxidation behavior[J]. Corrosion Science, 2015, 94：294 - 304.

[78] SUN J, FU Q G, LIU G N, et al. Thermal shock resistance of thermal barrier coatings for nickel-based superalloy by supersonic plasma spraying[J].

Ceramics International, 2015, 41(8): 9972 – 9979.

[79] BELZUNCE F J, HIGUERA V, POVEDA S, et al. High temperature oxidation of HFPD thermal-sprayed MCrAlY coatings in simulated gas turbine environments[J]. Journal of Thermal Spray Technology, 2002, 11(4): 461.

[80] ZHANG Y J, SUN X F, GUAN H R, et al. 1 050 ℃ isothermal oxidation behavior of detonation gun sprayed NiCrAlY coating[J]. Surface and Coatings Technology, 2002, 161(2): 302 – 305.

[81] REN X, WANG F H. High-temperature oxidation and hot-corrosion behavior of a sputtered NiCrAlY coating with and without aluminizing[J]. Surface and Coatings Technology, 2006, 201(1/2): 30 – 37.

[82] WU Y N, QIN M, FENG Z C, et al. Improved oxidation resistance of NiCrAlY coatings[J]. Materials Letters, 2003, 57(16/17): 2404 – 2408.

[83] LI M H, ZHANG Z Y, SUN X F, et al. Oxidation behavior of sputter-deposited NiCrAlY coating[J]. Surface and Coatings Technology, 2003, 165(3): 241 – 247.

[84] CHEN M H, ZHU S L, WANG F H. High temperature oxidation of NiCrAlY, nanocrystalline and enamel-metal nano-composite coatings under thermal shock[J]. Corrosion Science, 2015, 100: 556 – 565.

[85] CAO F, TRYON B, TORBET C J, et al. Microstructural evolution and failure characteristics of a NiCoCrAlY bond coat in "hot spot" cyclic oxidation [J]. ACTA Materialia, 2009, 57(13): 3885 – 3894.

[86] JIE L, YING C, ZHAO C S, et al. Significantly improving the oxidation and spallation resistance of a MCrAlY alloy by controlling the distribution of Yttrium[J]. Corrosion Science, 2019, 153: 178 – 190.

[87] YANG H Z, ZOU J P, SHI Q, et al. Analysis of the microstructural evolution and interface diffusion behavior of NiCoCrAlYTa coating in high temperature oxidation[J]. Corrosion Science, 2019, 153: 162 – 169.

[88] ZHAO X H, LI H T, CHEN Y Z, et al. Preparation and thermoelectric characteristics of ITO/Pt thin film thermocouples on Ni-based superalloy substrate [J]. Vacuum, 2017, 140(Supplement C): 116 – 120.

[89] CHOI K H, KIM H, PARK C H, et al. High-temperature thermo-mechani-

cal behavior of functionally graded materials produced by plasma sprayed coating: Experimental and modeling results[J]. Metals and Materials International, 2016, 22(5): 817 – 824.

[90] FEN L J, MARTIN L C, WILL A H. Advances in thin film sensor technologies for engine applications [R]. United States: NASA: TM – 107418, 1997.

[91] ITOH Y, SAITOH M, ISHIWATA Y. Aluminizing behaviors of vacuum plasma sprayed MCrAlY coatings[J]. Journal of Engineering for Gas Turbines and Power, 2002, 124(2): 270 – 275.

[92] PADTURE N P, GELL M, JORDAN E H. Thermal barrier coatings for gas-turbine engine applications[J]. Science, 2002, 296(5566): 280 – 284.

[93] FEUERSTEIN A, KNAPP J, TAYLOR T, et al. Technical and economical aspects of current thermal barrier coating systems for gas turbine engines by thermal spray and EBPVD: A review[J]. Journal of Thermal Spray Technology, 2008, 17(2): 199 – 213.

[94] 陆业航, 李晋炜, 张庆云, 等. GH3536 高温合金电子束焊组织及显微硬度分析[J]. 焊接, 2010(9): 47 – 50.

[95] LI M H, SUN X F, HU W Y, et al. Microstructural changes and elemental diffusion of sputtered NiCrAlY coating on a Ni-base SC superalloy subjected to high temperature[J]. Materials Letters, 2007, 61(29): 5169 – 5172.

[96] LIU H, MAO X L, JIANG S W. Effect of thermally grown Al_2O_3 on electrical insulation properties of thin film sensors for high temperature environments [J]. Sensors and Actuators a: Physical, 2021, 331: 113033.

[97] WANG Y L, ZHANG C C, NIU D, et al. High temperature sensors fabricated on Al_2O_3 ceramic and nickel-based superalloy substrates[J]. Sensors and Actuators a: Physical, 2016, 247: 75 – 82.

[98] HULSE C O, BAILEY R S, GRANT H P, et al. High temperature static strain gage development[R]. United States: NASA: CR – 189044, 1991.

[99] NISKA R H, CONSTANT A P, WITT T, et al. Chemical vapor deposition of alpha Aluminum oxide for high-temperature aerospace sensors[J]. Journal of Vacuum Science & Technology a, 2000, 18(4): 1653 – 1658.

[100] REN C, HE Y D, WANG D R. Preparation and characteristics of three-layer YSZ-(YSZ/Al$_2$O$_3$)-YSZ TBCs[J]. Applied Surface Science, 2011, 257 (15): 6837 –6842.

[101] ZHENG H Z, LI B T, YONG T, et al. Derivative effect of laser cladding on interface stability of YSZ@ Ni coating on GH4169 alloy: An experimental and theoretical study[J]. Applied Surface Science, 2018, 427(Part B): 1105 –1113.

[102] KEYVANI A, SAREMI M, SOHI M H, et al. A comparison on thermomechanical properties of plasma-sprayed conventional and nanostructured YSZ TBC coatings in thermal cycling[J]. Journal of Alloys and Compounds, 2012, 541: 488 –494.

[103] SEGDA B G, JACQUET M, BESSE J P. Elaboration, characterization and dielectric properties study of amorphous alumina thin films deposited by r. f. magnetron sputtering[J]. Vacuum, 2001, 62(1): 27 –38.

[104] MUSIL J, BLAŽEK J, ZEMAN P, et al. Thermal stability of alumina thin films containing γ-Al$_2$O$_3$ phase prepared by reactive magnetron sputtering [J]. Applied Surface Science, 2010, 257(3): 1058 –1062.

[105] 蒋书文, 刘豪, 赵晓辉, 等. 一种金属基高温组合绝缘层及其制备方法: 中国, 201611191090.2[P]. 2016 –12 –21.

[106] LIU H, MAO X L, JIANG S W. Influence of substrate temperature on the microstructure of YSZ films and their application as the insulating layer of thin film sensors for harsh temperature environments[J]. Ceramics International, 2022, 48(10): 13524 –13530.

[107] KUK-JIN H, MIYOUNG S, MYUNG-HYUN L, et al. Investigation on the phase stability of yttria-stabilized zirconia electrolytes for high-temperature electrochemical application[J]. Ceramics International, 2019, 45(7, Part B): 9462 –9467.

[108] CHEN G Y, TAO J Y, LIU C X, et al. Steam reforming of acetic acid using Ni/Al$_2$O$_3$ catalyst: Influence of crystalline phase of Al$_2$O$_3$ support[J]. International Journal of Hydrogen Energy, 2017, 42(32): 20729.

[109] FROLOV A, FROLOV Y, ANDRIEVSKAYA E. Anomalous crystallization

of some alloys in refractory oxide systems based on zirconia, yttria and erbia [J]. High Temperature Materials and Processes, 2007, 26(3): 221 - 229.

[110] YOSHIYA M, MATSUMOTO M, HARADA A, et al. Thermal conductivity of zirconia for thermal barrier coatings: A perturbed molecular dynamics study[J]. Key Engineering Materials, 2006, 317: 521 - 524.

[111] FONSECA F C, MUCCILLO E S, MUCCILLO R. Analysis of the formation of ZrO_2: Y_2O_3 solid solution by the electrochemical impedance spectroscopy technique[J]. Solid State Ionics, 2002, 149(3): 309 - 318.

[112] LIU H, JIANG S W, ZHAO X H, et al. YSZ/Al_2O_3 multilayered film as insulating layer for high temperature thin film strain gauge prepared on Ni-based superalloy [J]. Sensors and Actuators a: Physical, 2018, 279: 272 - 277.

[113] DUFFY T S, HEMLEY R J, MAO H. Equation of state and shear strength at multimegabar pressures: Magnesium oxide to 227 GPa[J]. Physical Review Letters, 1995, 74(8): 1371 - 1374.

[114] XU C H, YUAN K K, JIN X T, et al. High-temperature stable electrospun MgO nanofibers, formation mechanism and thermal properties[J]. Ceramics International, 2017, 43(18): 16210 - 16216.

[115] 孙洋, 陈树江, 田琳, 等. 高温下金属铝复合氧化镁系耐火材料的相变化[J]. 耐火材料, 2016, 50(3): 181 - 184.

[116] KASIMAGWA I, BRABIE V, JÖNSSON P G. Slag corrosion of MgO-C refractories during secondary steel refining[J]. Ironmaking and Steelmaking, 2014, 41(2): 121 - 131.

[117] 刘佳, 廖宇康, 涂嘉成, 等. 单晶氧化镁高温光纤传感技术应用方法研究[J]. 光子学报, 2024, 53(11): 68 - 79.

[118] IMADA S, OHTA K, YAGI T, et al. Measurements of lattice thermal conductivity of MgO to core-mantle boundary pressures[J]. Geophysical Research Letters, 2014, 41(13): 4542 - 4547.

[119] LI Z J, PENG W, ZHOU C R, et al. Enhanced real-time high temperature piezoelectric responses and ferroelectric scaling behaviors of MgO-doped 0.

7BiFeO$_3$ – 0. 3BaTiO$_3$ ceramics [J]. Ceramics International, 2018, 44 (12): 14439 – 14445.

[120] SANG L X, LI F, XU Y W. Form-stable ternary carbonates/MgO composite material for high temperature thermal energy storage [J]. Solar Energy, 2019, 180: 1 – 7.

[121] LANG J F, YOU J G, ZHANG Xiao-fang, et al. Effect of MgO on thermal shock resistance of CaZrO$_3$ ceramic [J]. Ceramics International, 2018, 44 (18): 22176 – 22180.

[122] LIU H N, LU H P, ZHANG L A, et al. Orientation selection in MgO thin films prepared by ion-beam-deposition without Oxygen gas present [J]. Nuclear Instruments and Methods in Physics Research Section B: Beam Interactions With Materials and Atoms, 2015, 360: 60 – 63.

[123] XU C H, YU Z C, YUAN K K, et al. Improved preparation of electrospun MgO ceramic fibers with mesoporous structure and the adsorption properties for Lead and Cadmium [J]. Ceramics International, 2019, 45(3): 3743 – 3753.

[124] ZHU T B, LI Y W, SANG S B, et al. Formation of nanocarbon structures in MgO-C refractories matrix: Influence of Al and Si additives [J]. Ceramics International, 2016, 42(16): 18833 – 18843.

[125] AFRASIABI A, SAREMI M, KOBAYASHI A. A comparative study on hot corrosion resistance of three types of thermal barrier coatings: YSZ, YSZ + Al$_2$O$_3$ and YSZ/Al$_2$O$_3$ [J]. Materials Science and Engineering: a, 2008, 478(1 – 2): 264 – 269.

[126] ONG B L, TOK E S. Kinetics during endotaxial growth of CoSi$_2$ nanowires and islands on Si(0 0 1) [J]. Applied Surface Science, 2019, 466: 583 – 591.

[127] SCHUBERT M, LEUPOLD N, EXNER J, et al. High-temperature electrical insulation behavior of alumina films prepared at room temperature by aerosol deposition and influence of annealing process and powder impurities [J]. Journal of Thermal Spray Technology, 2018, 27(5): 870 – 879.

[128] SEETHALAKSHMI S, SUBRAMANIAN B, BENDAVID A, et al. AC, DC

conduction and dielectric behaviour of solid and liquid phase sintered Al_2O_3 –
15mol% V_2O_5 pellets[J]. Ceramics International, 2017, 43(3): 3202 –3211.

[129] LU X Y, YANG Y, DING Y Z, et al. Mo-doped $Pr_{0.6}Sr_{0.4}Fe_{0.8}Ni_{0.2}O_{3-\delta}$ as potential electrodes for intermediate-temperature symmetrical solid oxide fuel cells[J]. Electrochimica ACTA, 2017, 227: 33 –40.

[130] CHEN G Y, LU J C, ZHOU X H, et al. Solid-state synthesis of high performance Na-β''-Al_2O_3 solid electrolyte doped with MgO[J]. Ceramics International, 2016, 42(14): 16055 –16062.

[131] REIS S L, MUCCILLO E S. Phase composition, densification and electrical conductivity of $La_{0.9}Sr_{0.1}Ga_{0.8}Mg_{0.2}O_{3818}$ consolidated by the two-stage sintering method[J]. Ceramics International, 2015, 41(10, Part B): 14299 –14305.

[132] LIU H, MAO X L, CUI J T, et al. Investigation of high temperature electrical insulation property of MgO ceramic films and the influence of annealing process[J]. Ceramics International, 2019, 48(18): 24343 –24347.

[133] LEI J F. Palladium-chromium strain gauges-static strain measurable at high temperature[J]. Platinum Metals Review, 1991, 35(2): 65 –69.

[134] DYER S E, GREGORY O J, COOKE J D. Improved passivating Cr_2O_3 scales for thin film high temperature PdCr strain gages[J]. Thin Solid Films, 1998, 312(1/2): 331 –340.

[135] LEI J F, WILL H A. Thin-film thermocouples and strain-gauge technologies for engine applications[J]. Sensors and Actuators a: Physical, 1998, 65 (2/3): 187 –193.

[136] CHOUDHARY R, CHAUHAN R P. Thickness dependent variation in structural, optical and electrical properties of CdSe thin films[J]. Journal of Materials Science: Materials in Electronics, 2019, 30(6): 5753 –5759.

[137] MANE A A, MOHOLKAR A V. Effect of film thickness on NO_2 gas sensing properties of sprayed orthorhombic nanocrystalline V_2O_5 thin films[J]. Applied Surface Science, 2017, 416: 511 –520.

[138] ZHU J L, CHENG J H, DAILLY A, et al. One-pot synthesis of Pd nanoparticles on ultrahigh surface area 3D porous Carbon as Hydrogen storage ma-

terials[J]. International Journal of Hydrogen Energy, 2014, 39(27): 14843 – 14850.

[139] CHEN F X, ZHONG Y, XU X J, et al. Preparation of colloidal Pd nanoparticles by an ethanolamine-modified polyol process[J]. Journal of Materials Science, 2005, 40(6): 1517 – 1519.

[140] LIU S Y, CAO Q P, YU Q, et al. Substrate temperature effect on growth behavior and microstructure-properties relationship in amorphous NiNb thin films[J]. Journal of Non-Crystalline Solids, 2019, 510: 112 – 120.

[141] YAKOVKIN I N, PETROVA N V. Influence of the thickness and surface composition on the electronic structure of FeS_2 layers[J]. Applied Surface Science, 2016, 377: 184 – 190.

[142] VINAYAK S, VYAS H P, VANKAR V D. Microstructure and electrical characteristics of Ni-Cr thin films[J]. Thin Solid Films, 2007, 515(18): 7109 – 7116.

[143] JAIN V K, KUMAR P, KUMAR M, et al. Study of post annealing influence on structural, chemical and electrical properties of ZTO thin films[J]. Journal of Alloys and Compounds, 2011, 509(8): 3541 – 3546.

[144] LAI L F, ZENG W J, FU X Z, et al. Annealing effect on the electrical properties and microstructure of embedded Ni-Cr thin film resistor[J]. Journal of Alloys and Compounds, 2012, 538(Supplement C): 125 – 130.

[145] LIU H, MAO X L, CUI J T, et al. Effect of thickness on the electrical properties of PdCr strain sensitive thin film[J]. Journal of Materials Science: Materials in Electronics, 2019, 30(11): 10475 – 10482.

[146] YANG S Y, LI H F, LIN X K, et al. Effect of Al_2O_3/Al bilayer protective coatings on the high-temperature stability of PdCr thin film strain gages[J]. Journal of Alloys and Compounds, 2018, 759: 1 – 7.

[147] WANG Q M, ZHANG K, GONG J, et al. NiCoCrAlY coatings with and without an Al_2O_3/Al interlayer on an orthorhombic Ti_2AlNb-based alloy: Oxidation and interdiffusion behaviors[J]. ACTA Materialia, 2007, 55(4): 1427 – 1439.

[148] WU G S, ZENG X Q, LI G Y, et al. Preparation and characterization of

ceramic/metal duplex coatings deposited on AZ31 Magnesium alloy by multi-magnetron sputtering [J]. Materials Letters, 2006, 60 (5): 674 – 678.

[149] XU Y, MIAO Q, LIANG W P, et al. Tribological behavior of Al_2O_3/Al composite coating on γ-TiAl at elevated temperature[J]. Materials Characterization, 2015, 101: 122 – 129.

[150] DU W B, ZHANG S S, LUO X X, et al. In-situ reaction synthesis of composite coating on Titanium alloy for improving high temperature oxidation resistance[J]. Journal of Alloys and Compounds, 2017, 729: 970 – 977.

[151] LI H Q, WANG Q M, GONG J, et al. Interfacial reactions and oxidation behavior of Al_2O_3 and Al_2O_3/Al coatings on an orthorhombic Ti2AlNb alloy [J]. Applied Surface Science, 2011, 257(9): 4105 – 4112.

[152] ANGHEL E M, MARCU M, BANU A, et al. Microstructure and oxidation resistance of a $NiCrAlY/Al_2O_3$-sprayed coating on Ti-19Al-10Nb-V alloy [J]. Ceramics International, 2016, 42(10): 12148 – 12155.

[153] BOYD D L, ZELLER M V, VARGAS-ABURTO C. Auger electron spectroscopy study of oxidation of a PdCr alloy used for high-temperature sensors [R]. United States: NASA: TM – 106212, 1993.

[154] MARTINEZ J, SINNOTT S B, PHILLPOT S R. Adhesion and diffusion at Tin/TiO_2 interfaces: A first principles study[J]. Computational Materials Science, 2017, 130: 249 – 256.

[155] LIU H, MAO X L, CUI J T, et al. Influence of a heterolayered Al_2O_3-ZrO_2/Al_2O_3 ceramic protective overcoat on the high temperature performance of PdCr thin film strain gauges[J]. Ceramics International, 2019, 45(13): 16489 – 16495.

[156] 甘卫平, 岳映霞, 罗林, 等. 无铅导电银浆的制备及其烧结工艺的研究 [J]. 涂料工业, 2014, 44(5): 31 – 36,42.

[157] VINOD P N. The electrical and microstructural properties of electroplated screen-printed Ag metal contacts in crystalline Silicon solar cells[J]. RSC Advances, 2013, 3: 14106 – 14113.

[158] LIU H, JIANG S W, JIANG H C, et al. Preparation and evaluation of PdCr

thin film resistive strain gauges[C]//International Conference on Materials and Applications for Sensors and Transducers, 939. Athens, Greece, 2016 -09 -27, 2017: 012023.

[159] FEN L J. A resistance strain gage with repeatable and cancellable apparent strain for use to 800 ℃[R]. United States: NASA: CR -185256, 1990.

[160] NYQUIST H. Certain topics in telegraph transmission theory[J]. Transactions of the a. I. E. E, 1928, 47(1): 617 -644.

[161] SHANNON C E. Communication in the presence of noise[J]. Proceedings of the IRE, 1949, 37(1): 10 -21.

[162] 张卫强, 陶然. 分数阶傅里叶变换域上带通信号的采样定理[J]. 电子学报, 2005, 33(7): 1196 -1199.

[163] DOVSTAM K. Simulation of damped vibrations based on augmented Hooke's law and elastic modes of vibration[J]. International Journal of Solids and Structures, 2000, 37(39): 5413 -5445.

[164] ABA -PEREA P E, PIRLING T, WITHERS P J, et al. Determination of the high temperature elastic properties and diffraction elastic constants of Ni-base superalloys[J]. Materials & Design, 2016, 89: 856 -863.

[165] LIU H, MAO X L, YANG Z B, et al. High temperature static and dynamic strain response of PdCr thin film strain gauge prepared on Ni-based superalloy[J]. Sensors and Actuators a: Physical, 2019, 298: 111571.

[166] 蒋书文, 刘豪, 赵晓辉, 等. 具有温度自补偿的高温薄膜半桥式电阻应变计及制备方法: 中国, 201710542699.8[P]. 2017 -07 -05.

[167] 邓瑞平, 周亮, 李磊姣, 等. 氧化铟锡(ITO)自组装修饰及其对有机电致发光器件性能的影响[J]. 无机化学学报, 2015, 31(9): 1839 -1846.

[168] 林洋, 陈长博, 张浩, 等. ITO再生处理对有机电致发光器件特性的影响[J]. 发光学报, 2015(10): 1156 -1161.

[169] 占红明, 饶海波, 张化福. 基于有机电致发光显示的透明导电膜 ITO[J]. 液晶与显示, 2004, 19(5): 386 -390.

[170] BOEUF J P. Plasma display panels: physics, recent developments and key issues[J]. Journal of Physics D: Applied Physics, 2003, 36(6):

R53 – R79.

[171] 郭志轩，田亮，方业周，等. PCI 结构 TFT – LCD 产品竖 Mura 不良机理分析及改善研究[J]. 液晶与显示，2018，33(5)：397 – 404.

[172] 许俊锋. 一种加固液晶显示器低温分级加热技术[J]. 自动化应用，2017(7)：78 – 79,97.

[173] 赵新彦，李志刚，密保秀，等. ITO 电极方阻对有机太阳能电池性能的影响[J]. 南京邮电大学学报(自然科学版)，2013，33(1)：91 – 95.

[174] 温迪，雷青松，乔治，等. 用于 HIT 太阳能电池的 ITO 薄膜制备与性能研究[J]. 人工晶体学报，2013，42(10)：2002 – 2003,.

[175] 席曦，王振交，杨辉，等. 有机太阳能电池 ITO 电极的光刻制备法及其研究[C]//第六届中国功能材料及其应用学术会议论文集，武汉，2007：1533 – 1535.

[176] TIMOTHY M M, HUI Fang, ROBERT H I, et al. Fabrication of a micro-scale, indium-tin-oxide thin film strain-sensor by pulsed laser deposition and focused ion beam machining[J]. Sensors and Actuators a: Physical, 2003, 104(2)：162 – 170.

[177] GREGORY O J, YOU T. Piezoresistive properties of ITO strain sensors prepared with controlled nanoporosity[J]. Journal of the Electrochemical Society, 2004, 151(8)：H198 – H203.

[178] 杨柯. In_2O_3/ITO 高温陶瓷薄膜热电偶的制备与性能研究[D]. 成都：电子科技大学，2016.

[179] 刘豪，毛喜玲. 一种氧离子注入构建薄膜传感器渐变过渡结构的制备方法：中国，202110020147.7[P]. 2021 – 01 – 07.